Fachbücher für Fortbildung & Studium

FFS 21

Dr. Holger Stöhr

F.I.T. zur IHK-Prüfung in Wissens- & Transfermanagement im Industrieunternehmen

Handlungsspezifische Qualifikationen für Industriefachwirte

DIHK-Rahmenplan: Fach Nr. 8

1. Auflage

www.fhs-verlag.de Fachbuchverlag Holger Stöhr

Zum Autor:

Dr. Holger Stöhr, Diplom-Volkswirt (Univ.)

Bisher sind u. a. die folgenden Titel des gleichen Autors erschienen:

- **F.I.T. zur IHK-Prüfung in Marketing & Vertrieb**: Handlungsspezifische Qualifikationen für Industriefachwirte, Oberstdorf 2018
  ISBN 978-3-943743-26-5
- **F.I.T. zur IHK-Prüfung in Führung & Zusammenarbeit:** Handlungsspezifische Qualifikationen für Industriefachwirte, Oberstdorf 2018
  ISBN 978-3-943743-28-9

Bibliografische Informationen der Deutschen Bibliothek
Die Deutsche Bibliothek verzeichnet diese Publikation in der Deutschen Nationalbibliografie; detaillierte bibliografische Daten sind dem Internet über http://dnb.ddb.de abrufbar.

ISBN 978-3-943743-27-2

1. Auflage

Druck: Laserline, Berlin

Fachbuchverlag Holger Stöhr (FHS)
Internet: www.fhs-verlag.de

Inhaltsverzeichnis

Vorwort

Dieses Fachbuch zum Prüfungsfach »**Wissens- & Transfermanagement im Industrieunternehmen**« ist am aktuellen Rahmenstoffplan der Prüfung »**Handlungsspezifische Qualifikationen**« für den IHK-Lehrgang »**Industriefachwirt/-in**« ausgerichtet.

Wer in eine Prüfung geht, ist oft nicht angemessen vorbereitet und dies, obwohl er oder sie regelmäßig an Lehrgängen teilgenommen hat und die dazugehörigen Bücher oder Skripte gelernt hat. Was fehlt, ist der letzte Schliff. Zum Ende der Vorbereitung muss nochmals alles auf den Punkt gebracht werden. **Für die Erstellung eigener Zusammenfassungen fehlt oft die Zeit.** Es fehlen Tipps zur Vorgehensweise in der Prüfung. Korrekturen von Prüfungen zeigen immer, wie viele Punkte unnötig vergeudet werden. Zudem sollten zur Übung noch Prüfungen simuliert werden.

Zu diesem Zweck baue ich auf ein dreigleisiges Verfahren (**F.I.T.**):

- **Zusammenfassungen:** Zunächst wird der Inhalt/Stoff des Fachs kurz und verständlich zusammengefasst (Inhalte in Form von Zusammenfassungen).
- **Fragen:** Zur Prüfungsvorbereitung sind in Anhang A zwei Prüfungssimulationen enthalten (je 40 Pt.), die exakt auf dem Niveau der realen Prüfungen sind – vom Schwierigkeitsgrad, der Punkte- und der Stoffverteilung. Dazu werden in Anhang B ausführliche und klare Lösungen geliefert (Fragen/Aufgaben mit Lösungen)
- **Tipps:** Zahlreiche Tipps und Hinweise in Anhang C und im Text sollen Ihnen die Prüfung erleichtern (Tipps zur Fehlervermeidung).

Zudem fühlt man sich unsicher, was nun wichtig ist, und was weniger. Zur besseren Einordnung, inwiefern welcher Stoff **prüfungsrelevant** ist, sind zwei hilfreiche Aspekte eingebaut: (A) Zu jedem Kapitel, Unterkapitel etc. wird die Prüfungsrelevanz in 3 Stufen gemäß IHK-Rahmenstoffplan am rechten Rand mit einem Marker angegeben:

1. Die erste Stufe bezieht sich auf einfachen Lernstoff. Hier werden nur **Kenntnisse** in Form von Definitionen, Auflistungen usw. erwartet. Als Symbol dient die Diskette.
2. Die zweite Stufe bezieht sich auf das **Verständnis** von Zusammenhängen und komplexeren Sachverhalten und deren Erläuterung. Als Symbol dient der kreisende Pfeil.
3. Die dritte Stufe steht für gelerntes und verstandenes Wissen, das in Form von Fallbeispielen, Übungen und Rechnungen **Anwendung** findet. Als Symbol dient der Taschenrechner.

(B) Zu jedem Kapitel bzw. Unterabschnitt wird in einer kleinen Tabelle am rechten Rand (etwas nach unten versetzt) detailliert dargestellt, in welchen vergangenen Prüfungen dieser Stoff in welcher Aufgabe und mit welcher Punktezahl abgefragt wurde. Diese Zuordnung gilt immer für den gesamten Bereich der Zwischenüberschrift bzw. des Teilkapitels (siehe Abbildungen der Innenseiten des Umschlags).

Natürlich können auf so knappem Raum nicht alle Themen ausführlich dargestellt werden. Stattdessen werden hier Zusammenfassungen geboten, die Ihnen ein schnelles Lernen und eine Einschätzung der Prüfungsrelevanz der Themen gewähren. Dabei wurden die bisherigen IHK-Prüfungen berücksichtigt (Stand: Juli 2018).

Wichtiger Hinweis:

Der IHK-Rahmenstoffplan (RSP) der folgenden Fächer ist etwas wirr, sich überschneidend und nicht zusammenhängend:

- RSP 4: **Unternehmensführung** für WQ
- RSP 8: **Wissens- und Transfermanagement** für HSQ
- RSP 9: **Führung & Zusammenarbeit** für HSQ.

Ich wünsche Ihnen viel Spaß mit diesem Fachbuch und viel Erfolg beim Bestehen Ihrer Prüfung.

Dr. Holger Stöhr
Oberstdorf im August 2018

Zur Prüfung

Bei diesem Fach stehen die Masse des zu lernenden Wissens und dessen situationsbezogene Anwendung im Vordergrund:

- **IHK-Prüfung**: Industriefachwirte, »Handlungsspezifische Qualifikationen«, Situationsaufgabe I – davon ca. 35 Prozent.
- **Zeit**: ca. 35 % von 240 Minuten ≈ 84 Minuten.
- **Hilfsmittel**: Taschenrechner.
- **Probleme**: 1. Der Zeitfaktor könnte ein großes Problem werden. Zumal viele Prüflinge bei einzelnen Fragen zu viel bzw. zu wenig schreiben. Bei »Nennen ...« wird zu viel, bei »Erläutern ...« zu wenig geschrieben. 2. Die Masse des Stoffs und die oftmals ähnlich klingenden Begriffe laden zur Verwirrung ein. 3. Vielen Prüflingen fällt es schwer, gelerntes Wissen den gestellten Fragen zuzuordnen. 4. Die Anwendung von Wissen in Situationsaufgaben dürfte häufig schwieriger sein, als reine Wissensabfragen zu beantworten.
- **Lösungsstrategien**: 1. Konzentrieren Sie sich auf die Aufgaben und Ihr vorhandenes Wissen. Lesen Sie die Aufgaben ganz genau. Dazu sollte natürlich entsprechendes Wissen vorhanden sein. Das erforderliche Wissen können Sie in den folgenden Kapiteln nochmals kurz wiederholen. 2. Üben Sie anhand von alten Prüfungen und den beiden Prüfungssimulationen in Anhang A die Lösung von wissensorientierten und situationsbezogenen Aufgaben und bekommen Sie ein Gespür dafür, was erwartet wird.

1 Unternehmensentwicklung

1.1 Betriebliches Zielsystem

Zielsystem

- Zuoberst stehen die **Visionen**, die für eine langfristige Ausrichtung an einem idealen Zustand der Zukunft stehen (»Leitstern«, bspw. Marktführerschaft).
- Die (Unternehmens-) **Mission** beschreibt den Auftrag und die Aufgaben des Unternehmens (bspw. Veröffentlichung von Fachbüchern).
- Als **Unternehmensphilosophie** werden die **Normen** und **Werte** (positive, erstrebenswerte Eigenschaften) bezeichnet, die dem Verhalten der Führungskräfte und Mitarbeiter zugrunde liegen **sollten** (bspw. Kundenorientierung, freundlicher Umgang und angenehme Atmosphäre, soziale und ökologische Verantwortung)

Unternehmensleitbild

H 2015/S1: A1a-c, 10 Pt.

- Aus der Vision, der Mission und der Unternehmensphilosophie (bzw. den Normen und Werten) wird das **Unternehmensleitbild** abgeleitet, das Verhaltensgrundsätze nach innen und außen für das Management und die Mitarbeiter beinhaltet (**Soll-Zustand**).
- **Vorteile**: Identifikation, Image, Abgrenzung von Konkurrenten, Desorientierung der Mitarbeiter wird vermieden.
- **Nachteile**: wenn Mission, Vision und Werte nicht übereinstimmen, ggf. unrealistisch, überambitioniert, unglaubwürdig und dann demotivierend.
- Zu den **Funktionen/Aufgaben** von Leitbildern zählen: Orientierung, Integration, Koordinierung, Motivation, Entscheidung, Signal nach außen setzen und Transparenz.

- **Leitsätze/Grundsätze eines Unternehmensleitbilds**:
  - Kunden- und Mitarbeiterorientierung
  - Respekt, offene Kommunikation und Meinungsvielfalt
  - Betriebsklima optimieren, Integration von Mitarbeitern
  - aus Fehlern soll für die Zukunft gelernt werden
  - konsequent klare Ziele und Strategien formulieren
  - Führungskräfte müssen Potenzial der Mitarbeiter entwickeln
- Schließlich lassen sich aus dem Unternehmensleitbild **konkrete operative, taktische und strategische Ziele** ableiten, die für einzelne Bereiche kurz-, mittel- und langfristig formuliert werden können.
- Das Unternehmensleitbild sollte von der Unternehmensführung in Zusammenarbeit mit den Mitarbeitern und Außenstehenden erarbeitet werden und eben nicht nur »von oben« verordnet werden.

Zielpyramide und konkrete Ziele

F 2011/S1: A6a-b, 5 Pt.
H 2013/S1: A6a-b, 10 Pt.

Aus Zielen lassen sich Unterziele ableiten. Zu den Zielen und deren konkreten **Unterzielen** zählen in einem Unternehmen bspw. (das hängt von der Fallbeschreibung ab):

- **Kostenziele**: günstigerer Materialeinkauf
- **Umsatzziele**: Ausbau der Marktanteile bei bestimmten Produkten
- **Gewinnziele**: Kosten- und Umsatzziele
- **Imageziele**: Erhöhung des Images bei jungen Käufern
- **Qualitätsziele**: Fehlerminimierung in der Fertigung
- **Formalziele**: Ziele, die am Erfolg ausgerichtet sind (bspw. Erhöhung des Umsatzes oder des Marktanteils um x %)
- **Sachziele**: Ziele, die am Leistungsergebnis ausgerichtet sind (bspw. Produktion einer bestimmten Menge, Entwicklung einer neuen Modellreihe).

- **Sozialziele**: Ziele, die sich am Verhältnis zu den Mitarbeitern und der Gesellschaft orientieren (bspw. »gerechteres« Lohnsystem).
- **operationale Zielformulierung**: Art, Ausmaß und zeitlicher Bezug müssen festgelegt werden (z. B. Kostensenkung um 5 % in 2019).

Zielmessbarkeit

- **qualitative Ziele** sind grundsätzlich nicht-messbare Ziele, wie bspw. Imagesteigerung oder Verbesserung des Betriebsklimas. Die Zielerreichung kann nur schwer kontrolliert werden.
- **quantitative Ziele** sind grundsätzlich messbare Ziele, wie Umsatzsteigerung oder Gewinnmaximierung. Zwar mag es hier auch Probleme bei der Erfassung geben, aber grundsätzlich sind solche Ziele quantifizierbar, d. h. in Zahlengrößen darstellbar.
- **monetäre Ziele** lassen sich in Geldeinheiten ausdrücken (bspw. Umsatzsteigerung in EUR oder USD).
- **nicht-monetäre Ziele** können nicht in Geldeinheiten benannt werden (bspw. Imagesteigerung). Nicht-monetäre Ziele können aber durchaus quantitativ sein – bspw. Erhöhung der Produktionsmenge.

Zielbeziehungen

F 2011/S1: A6c, 3 Pt.

Sofern es mehr als ein Ziel gibt, bestehen Beziehungen zwischen diesen Zielen. Es lassen sich die folgenden **Zielbeziehungen** unterscheiden:

- **Zielkomplementarität** (Zielharmonie bzw. komplementäre Ziele): Ziele ergänzen sich gegenseitig und können gleichzeitig erreicht werden (bspw. Umsatz- und Gewinnsteigerung).
- **Zielkonkurrenz** (Zielkonflikt): Ziele können nicht zugleich erreicht werden (bspw. Maximierung von Rendite und Liquidität). Gerade dieser Fall der Zielkonflikte bedarf besonderer Aufmerksamkeit.

1

- **Zielneutralität** (Zielindifferenz): Die Ziele sind unabhängig voneinander (bspw. Mitarbeiterzufriedenheit und Umweltschutz). Dieser Fall ist eher unrealistisch, da indirekt zumeist alle Ziele voneinander abhängen – vor allem aufgrund der Kosten.
- **Zielidentität**: Die Ziele sind identisch, nur anders formuliert (bspw. Umsatzsteigerung und Erhöhung der Erlöse).

Zielbildungsprozess

Ein strukturierter Zielbildungsprozess beinhaltet folgende Schritte:

- **Zielsuche**: mittels Brainstorming, Mindmapping etc.
- **Zielsammlung**: mittels Moderation Ziele bewerten und zusammenfassen
- **Zielauswahl**: mittels Diskussion und Abstimmung Ziele auswählen
- **Zieldurchsetzung**: mittels Diskussionen die Betroffenen (auch Betriebsrat bedenken) von der Zielwahl überzeugen
- **Zielkontrolle**: mittels Diskussion oder Workshops Kennzahlen zur Kontrolle der Ziele erarbeiten

SMART-Formel

Ziele sollten allgemein folgenden Anforderungen genügen:

- **S** (spezifisch) → konkrete, präzise und eindeutige Ziele
- **M** (messbar) → Ziele müssen messbar und kontrollierbar sein
- **A** (akzeptiert/anspruchsvoll) → attraktives und akzeptiertes Ziel, das anspruchsvoll und motivierend sein sollte
- **R** (realistisch) → die Ziele sollten mit gegebenen Ressourcen realisierbar sein
- **T** (terminiert) → die Ziele sollten zeitlich klar definiert sein

Ziele und Interessen

Verschiedene Gruppen (**Stakeholder**) haben ein Interesse am Unternehmen und dessen Zielen. Dabei kollidieren die Ziele der verschiedenen Gruppen:

- Zu den **internen Stakeholdern** zählen die Mitarbeiter und das Management, deren Ziele bspw. in der Entlohnung/Macht liegen.
- Zu den **externen Stakeholdern** zählen:
  - **Kunden** (Ziele: bspw. günstige Preise, guter Service)
  - **Lieferanten** (Ziele: bspw. sichere Absatzbasis und Zahlungen)
  - **Aktionäre** (= **Shareholder**) und **Gläubiger** (Ziele: bspw. sichere Geldanlage, hohe Verzinsung)
  - **Konkurrenz** (Ziele: bspw. fairer Wettbewerb, Kooperationen)
  - **Öffentlichkeit/Staat** (Ziele: bspw. Steuerleistung, Arbeitsplätze)
- **Stakeholder-Ansatz** steht für eine Unternehmensführung, die zwischen den verschiedenen Interessen zu vermitteln sucht.
- **Shareholder-Value-Ansatz** steht für eine wertorientierte Unternehmensführung, bei der der Gewinn und der Aktienkurs im Vordergrund stehen, um den Wert aus Sicht der Aktionäre zu steigern.
- Diese beiden Ansätze wirken auch auf die **Ziele der Unternehmensführung**: Nach dem Shareholder-Value-Ansatz steht der Aktionär im Mittelpunkt. Zur Kurssteigerung der Aktie könnten Kosten durch bspw. Personalabbau gesenkt werden. Hingegen würde der Stakeholder-Ansatz auch die Interessen der Mitarbeiter berücksichtigen und diese daher eher nicht entlassen.

Tipp:

Shareholder = Aktionäre; **Stakeholder** = alle direkt oder indirekt vom Unternehmen betroffene Gruppen (Mitarbeiter, Lieferanten etc.).

Zusammenhang zwischen Zielen, Lage und Umsetzung

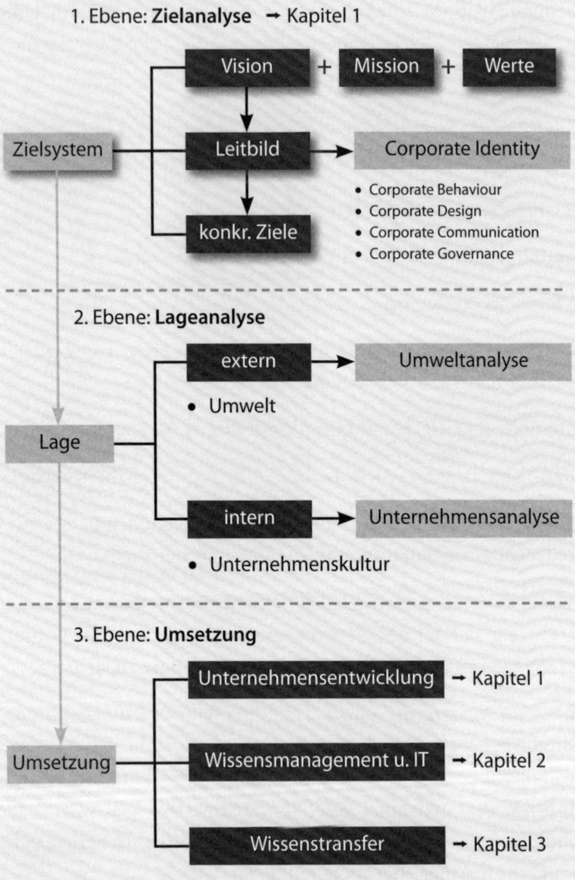

Tipp:

Das *Unternehmensleitbild* steht für den **Soll-Zustand** der Normen und Werte, die *Unternehmenskultur* hingegen für den **Ist-Zustand**.

Lageanalyse

- Die externe Analyse der Umwelt (**Umweltanalyse**) analysiert die Rahmenbedingungen, die durch Märkte, Kunden, Lieferanten, Konkurrenten, Banken und Staat vorgegeben werden.
- Die interne Analyse des Unternehmens (**Unternehmensanalyse**) untersucht die Gegebenheiten des Unternehmens. Bei einer Stärken/Schwächen-Analyse vergleicht man sich anhand verschiedener Kriterien mit dem stärksten Konkurrenten.
- Die interne **Unternehmenskultur** bezeichnet die Summe der Normen und Werte, die das Verhalten der Mitarbeiter nach innen und außen tatsächlich prägen (**Ist-Zustand**).

Corporate Identity

Zur Umsetzung und einheitlichen Erscheinung des Unternehmensleitbildes nach außen und innen wird die Unternehmensidentität durch die einzelnen Aspekte der **Corporate Identity (CI)** geprägt:

- **Corporate Behaviour**: Das Verhalten der Mitarbeiter untereinander und gegenüber Außenstehenden (Kunden, Lieferanten etc.) sollte einheitlich und klar sein (bspw. Umgangston, Werte).
- **Corporate Design**: Nach außen und innen wird ein einheitliches Erscheinungsbild gewählt, das sich bei Farben, Formen, Schriftarten, usw. im Bereich der schriftlichen Kommunikation, in der Werbung, Bekleidung, Filialgestaltung, Logo usw. zeigt.
- **Corporate Communication**: Hier geht es um die Formen der Kommunikation nach außen und innen (bspw. Werbesprüche, Erkennungsmelodien, Telefonbegrüßungsformeln, Medienauftritt).
- **Corporate Governance**: Von zunehmender Bedeutung sind Verhaltenskodizes bzw. moralische Standards in der Unternehmensverfassung, an denen sich die Mitarbeiter orientieren sollen.
- Zudem: **Corporate Vision, Corporate Mission, Corporate Image**.

Zielsystem und Strategien

Zunächst werden die **Ziele** auf unterschiedlichen Ebenen bestimmt. Anschließend gilt es die Ziele umzusetzen. Hierzu müssen entsprechende Strategien entwickelt werden. **Strategien** stehen dabei für den Weg bzw. die Art der Umsetzung der Ziele. Konkretisiert werden die Strategien in der **Planung**.

Strategischer Planungsprozess

Zur Entwicklung einer geeigneten Strategie könnten folgende Schritte gewählt werden:

- **Zieldefinition**: Zunächst sollten strategische Ziele formuliert werden.
- **externe Analyse**: Analyse der Umwelt des Unternehmens (bspw. Markt, Konkurrenten, Lieferanten, Kunden und Staat).
- **interne Analyse**: Analyse der Stärken und Schwächen des Unternehmens (bspw. Finanzkraft, Organisation). Zur Analyse könnten das Benchmarking oder die Stärken-/Schwächen-Analyse eingesetzt werden.
- **Strategieentwicklung**: Aus den vorherigen Erkenntnissen heraus wird eine Strategie entwickelt, die zur Umsetzung der Ziele im Rahmen der äußeren und inneren Gegebenheiten dient.

Führungskultur und Nachhaltigkeit

Für den Unternehmenserfolg ist auch die Kultur der Führung (**Führungskultur**), also wie sich die Art der Führung im Unternehmen etabliert hat, wichtig. Dabei geht es um das grundsätzliche Verhalten der Vorgesetzten ihren Mitarbeitern gegenüber.

Zudem ist die **Nachhaltigkeit**, also die langfristige Sicherung des Erfolgs, notwendig. Hierzu dienen geeignete Methoden der Personalführung sowie des Wissensmanagements.

1.2 Bedeutung des Wissensmanagements

F 2017/S1: A3, 6 Pt.

Die wirtschaftliche Bedeutung des Wissens zeigt sich schon in der VWL. Dort werden die drei **Produktionsfaktoren** Arbeit, Boden und Kapital unterscheiden. Der aus deutscher Sicht wesentliche Faktor ist dabei das **Kapital**, zu dem das **Humankapital** zählt. Zu diesem zählt wiederum das **Wissen**. Was für die VWL gilt, stimmt natürlich auch für die einzelnen Unternehmen in der BWL:

Wissen ist ein wesentlicher **Wettbewerbsfaktor** und muss daher entsprechend professionell behandelt werden. Hiermit setzt sich das **Wissensmanagement** eines Unternehmens auseinander.

Ziel des Wissensmanagements ist das gesamte im Betrieb vorhandene Wissen zu erfassen, zu selektieren, zu verarbeiten, aufzubereiten, zu analysieren, im Unternehmen zu verbreiten, d. h. allen Stellen, die es benötigen, zukommen zu lassen.

Das Wissensmanagement kann zur Organisationsentwicklung (vgl. Kap. 1.4) beitragen, wenn ...

- Mitarbeiter ihr individuelles Wissen dem Unternehmen zur Verfügung stellen.
- eine Personalentwicklungsmaßnahme nicht nur zur Entwicklung des betreffenden Mitarbeiters führt, sondern dieser sein erworbenes Wissen mit anderen Mitarbeitern im Unternehmen teilt.
- entsprechende organisatorische und technische Regelungen geschaffen werden, um das individuelle Wissen zu speichern und zu verbreiten (bspw. Archive, Dokumentationen, Intranet).

Der 4. Quantensprung der Industrialisierung (**Industrie 4.0**) weist der Informationstechnologie eine überragende Bedeutung zu.

1.3 Betriebliche Organisation

Aufbau- und Ablauforganisation

In der Realität gehören Aufbau- und Ablauforganisation untrennbar zusammen. Zu Schulungszwecken werden sie einzeln betrachtet.

Aufbauorganisation

- analysiert und gestaltet die Struktur und die Hierarchie einer Organisation
- hier dienen u. a. Stellenbeschreibungen und Organigramme als Instrumente

Ablauforganisation

- analysiert und gestaltet Abläufe bzw. Prozesse
- neben Netzplänen werden bspw. Ablaufdiagramme eingesetzt

Stellen, Stellenplan und Stellenbesetzungsplan

H **2011/S1: A8a**, 4 Pt.
F **2016/S1: A2b**, 4 Pt.

- Die **Stelle** ist die kleinste organisatorische Einheit.
- In einem **Stellenplan** (Soll) werden alle Stellen eines Unternehmens aufgelistet – ob besetzt oder nicht. Ziel ist eine Übersicht zu gewähren und mögliche Doppelarbeiten aufzudecken.
- Ein **Stellenbesetzungsplan** (Ist) listet nur die besetzten Stellen ausführlich auf. Dies ist eine wichtige Voraussetzung für die Personalpolitik um ggf. vakante Stellen neu besetzen zu können.
- Eine Leitungsstelle (**Instanz**) kann nur eine begrenzte Anzahl von Mitarbeitern kontrollieren: Die **Kontrollspanne** (bzw. Leitungsspanne) bezeichnet die Anzahl der direkt unterstellten Mitarbeiter einer Instanz.

Der mehrstufige Betriebsaufbau

Zwei Gruppen des mehrstufigen Betriebsaufbaus sind zu unterscheiden: F 2017/S1: A2a, 6 Pt.

- Der **hierarchische mehrstufige Betriebsaufbau** beschäftigt sich mit der hierarchischen Struktur einer Organisation und betrachtet dabei Über- und Unterstellungsverhältnisse.
- Der **sachliche mehrstufige Betriebsaufbau** untersucht die sachliche Gliederung des Unternehmens. Hier stellt sich die Frage, nach welchem System der Betrieb unterhalb der Geschäftsleitung sachlogisch gegliedert sein könnte. Dabei wäre es denkbar, diesen anhand der betrieblichen Funktionen (Forschung u. Entwicklung, Einkauf, Fertigung, Verkauf und Verwaltung) einzuordnen. Alternativ könnte eine Gliederung nach dem Sortiment, nach Regionen oder nach Kundengruppen erfolgen.
- Der hierarchische und der sachliche mehrstufige Betriebsaufbau stellen keine Alternativen dar. Der Unterschied liegt nur in der Fragestellung bzw. dem Betrachtungswinkel (= 2 Seiten einer Münze).

Formen des hierarchisch-mehrstufigen Betriebsaufbaus

- Beim **Einliniensystem** hat jeder Mitarbeiter genau einen direkten Vorgesetzten (Ausnahme Geschäftsleitung).
- Das **Stabliniensystem** (1) entspricht zunächst dem Einliniensystem, (2) wird um beratende bzw. unterstützende Stabsstellen (durchaus auf verschiedenen Ebenen) mit (3) fachspezifischem Wissen ergänzt. (4) Die Linienstelle wird dadurch entlastet, (5) behält aber das Weisungsrecht an die untergeordneten Stellen.
- Beim **Mehrliniensystem** haben die Mitarbeiter mehr als einen direkten Vorgesetzten.

Zudem sind auch noch Tochtergesellschaften, strategische Geschäftseinheiten, Profit Center etc. denkbar.

1

Einliniensystem

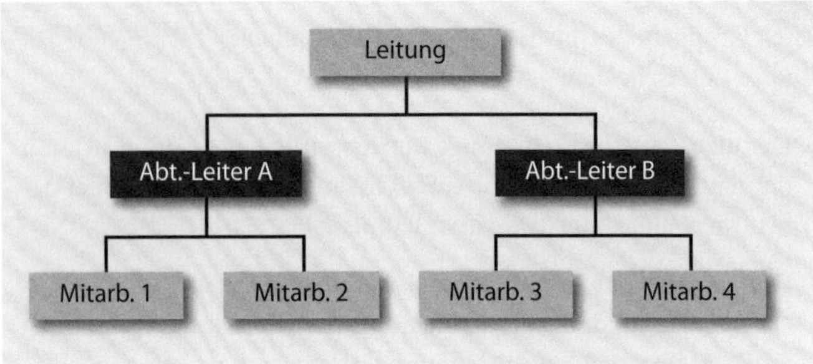

Zu den Vor- und Nachteilen des **Einliniensystems** zählen:

- **Vorteile**: übersichtlich, klar, deutliche Kompetenzzuordnung, gute Kontrollmöglichkeiten.
- **Nachteile**: geringe Flexibilität, bei vielen Stufen lange Informationswege, fachliche Überforderung der Instanzen.

Stabliniensystem

Zu den Vor- und Nachteilen des **Stabliniensystems** zählen (zunächst wie beim Einliniensystem):

- **Vorteile**: Entlastung der Instanzen, Expertenwissen der Stäbe, sorgfältigere Entscheidungsvorbereitung.
- **Nachteile**: inoffizielle Macht der Stäbe, Koordinationsprobleme zwischen Stäben u. Instanzen sowie Stäben/Mitarbeitern, Abstimmungsprobleme, Trägheit der Entscheidungsfindung, Konflikte.

Mehrliniensystem

Zu den Vor- und Nachteilen des **Mehrliniensystems** zählen:

- **Vorteile**: kürzere Wege, schnellere Entscheidungen, kompetentere Ansprechpartner, geringere fachliche Überlastung der Instanzen.
- **Nachteile**: Abstimmungsprobleme, »viele Köche verderben den Brei«, Machtspiele, Kontrollprobleme, Koordinationsaufwand.

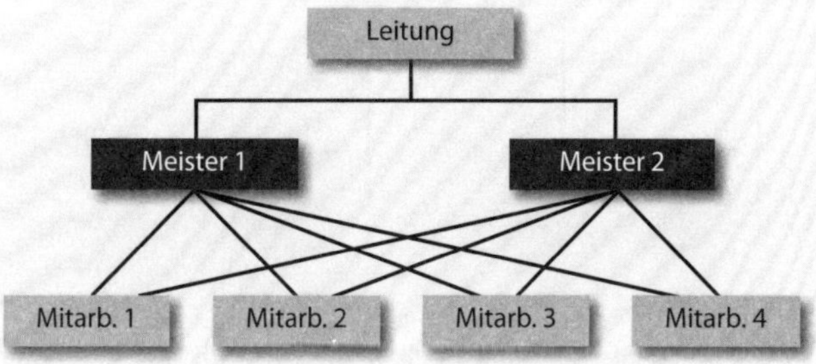

Formen des sachlich-mehrstufigen Betriebsaufbaus

- Bei der **funktionalen (verrichtungsorientierten) Organisation** befinden sich auf der zweiten Ebene die betrieblichen Funktionen (Einkauf, Fertigung, Verwaltung, Vertrieb usw.).
- 3 Formen der **divisionalisierten Organisation**:
  - Bei der **Spartenorganisation** werden auf der 2. Ebene die Sortimentsbereiche eingeordnet (bspw. PKW, LKW, Züge).
  - Die **Regionalorganisation** ist auf der 2. Ebene räumlich bzw. geographisch gegliedert (bspw. Bayern, Hessen).
  - Die **Marktorganisation** wird auf der 2. Ebene nach Kundengruppen geordnet (bspw. Privat-/Geschäftskunden).

1

Funktionale (verrichtungsorientierte) Organisation

- **Vorteile**: klare Struktur für kleine und mittelständische Unternehmen, weniger Doppelarbeiten, Synergieeffekte, Spezialisierung.

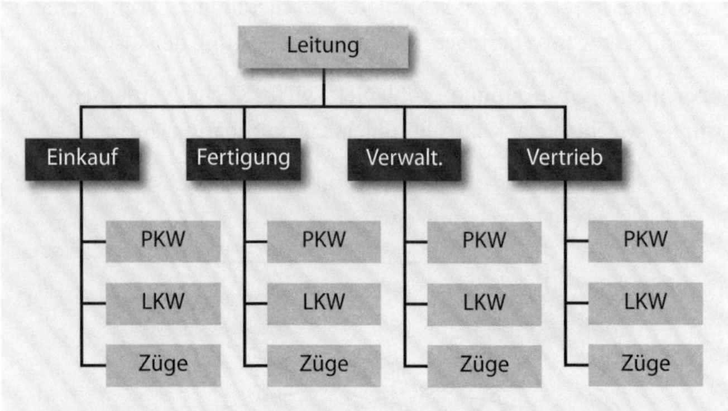

- **Nachteile**: zu unübersichtlich bei sehr großen Unternehmen, da zu große Funktionsbereiche, schlecht bei Kauf und Verkauf von Unternehmenssparten, schlechte Erfolgskontrolle, Koordinationsprobleme bei breitem Sortiment, Bereichsegoismen.

Spartenorganisation (Divisionalorganisation)

- **Merkmale**: a) rechtlich und b) organisatorisch selbständige Organisationseinheiten in Form von Sparten, c) Sparten werden nach Sortiment gegliedert, d) die Sparten stellen Unternehmenseinheiten dar, die eigenverantwortlich hinsichtlich des Gewinns sind (Profit-Center).

F 2011/S1: A3a-b, 6 Pt.

- **Vorteile**: gut für Großunternehmen, da Sparten überschaubar/besser lenkbar sind, gut bei Abspaltung und Integration neuer Unternehmensteile, Erfolgskontrolle, Entlastung der Gesamtleitung, größere Motivation der relativ selbstständigen Sparten, größere Marktnähe, insbesondere bei sehr unterschiedlichem Sortiment sinnvoll.

- **Nachteile**: zahlreiche Doppelarbeiten, weniger Synergieeffekte, Spartenegoismus, interne Konkurrenz (mit Rabatten) um Kunden.
- Zusätzlich gibt es **Zentralbereiche** (bspw. Personalentwicklung). Zweck: *Synergieeffekte* nutzen, Kontrolle, gegen *Spartenegoismus*.

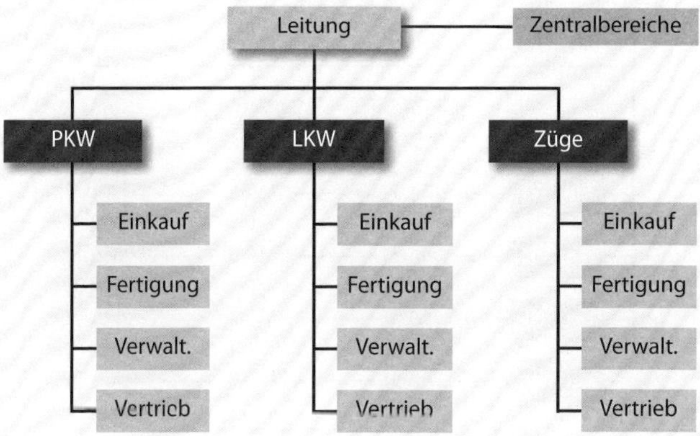

Matrixorganisation

Die Matrixorganisation wird durch zwei Dimensionen direkt unterhalb der Leitung gebildet. Jeder Mitarbeiter (MA) bzw. Bereich hätte zwei direkte Vorgesetzte. F 2011/S1: A3c, 6 Pt.

Die zwei Dimensionen der Matrixorganisation können wahlweise jeweils zwei aus fünf möglichen Aspekten beinhalten: 1. betriebliche Funktionsbereiche, 2. Sortimentsbereiche, 3. Regionen, 4. Kundengruppen und 5. Projekte.

- **Vorteile**: schnellere Entscheidungen, kompetentere Ansprechpartner, größere Flexibilität, individuelle Lösungen für Märkte/Kunden. Guter Kompromiss zwischen Spezialwissen der Sparten und einheitlicher Führung und Zusammenarbeit.

1

- **Nachteile**: Abstimmungsprobleme, »viele Köche verderben den Brei«, Machtspiele, Kontrollprobleme, Koordinationsaufwand.
- **Anforderungen an die Mitarbeiter**: Kooperations-, Kompromiss-, Kommunikations- und Teamfähigkeit der Mitarbeiter.

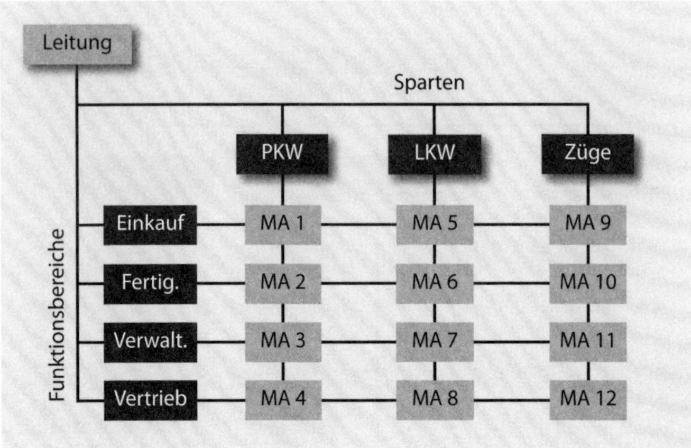

Kriterien bei der Wahl einer geeigneten Organisationsform

Zu den möglichen **Kriterien** zählen: F 2017/S1: A2b, 4 Pt.

- Sortiment bzw. Leistungsprogramm: homogene (gleichartige) Produkte oder sehr heterogene (verschiedenartige) Produkte
- geographische Ausdehnung des Unternehmens: regional, national oder international?
- Kundenstruktur
- rechtliche Aspekte (bspw. der Unternehmensrechtsformen)
- erwünschte Flexibilität
- Anzahl, Komplexität und Dauer der zu realisierenden Projekte

1.4 Organisationsentwicklung (OE)

1.4.1 Ziele der Organisationsentwicklung

Zu den vielfältigen **Zielen** der Organisationsentwicklung zählen u. a.:

- Steigerung bzw. Wiederherstellung der Wettbewerbsfähigkeit
- Erhöhung der Flexibilität durch anpassungsfähige Hierarchien
- Senkung der Kosten durch Prozessoptimierungen
- Senkung der Kosten durch schlankere Hierarchien
- Reduzierung von Ineffizienzen und Doppelarbeiten
- Steigerung der Mitarbeitermotivation
- Verbesserung des Betriebsklimas

Zwei grundlegende Formen des Wandels sind zu unterschieden:

- **Evolution** steht für eine Anpassung/Veränderung in kleinen Schritten. Ein hierfür geeignetes Instrument ist der »kontinuierliche Verbesserungsprozess« (KVP).
- **Revolution** steht für einen starken Anpassungsschritt bzw. eine grundlegende Veränderung. Das **Business-Process-Reengineering** ist hierfür ein geeignetes Instrument.

1

1.4.2 Konzepte der Organisationsentwicklung

Gründe für Organisationsveränderungen

H 2016/S1: A6, 6 Pt.
F 2017/S1: A1a, 4 Pt.

Zweck der Organisationsentwicklung ist die einmalige oder stetige Anpassung der Organisation an die Erfordernisse. Zahlreiche **externe Gründe** können eine Anpassung der Organisation und des Personals an neue Entwicklungen erfordern:

- neue Konkurrenten, Produkte und Technologien
- Gesetzesänderungen bzw. neue Gesetze
- veränderte Kundenwünsche, Kostendruck
- Fusionen und Kooperationsformen
- in den letzten Jahrzehnten werden die Mitarbeiter nicht mehr als lebende Maschinen, sondern als Menschen betrachtet. Diese **Humanisierung der Arbeitswelten** erfordert ein organisatorisches Umdenken.
- Probleme der Finanzierung (bspw. Rating, Großaktionäre)

Zudem können auch interne Gründe das Management ohne konkreten äußeren Anpassungsgrund zur Entwicklung der Organisation anregen. Denn nicht nur eine rein **passive Reaktion**, sondern auch eine **aktive Gestaltung** kann sinnvoll sein.

Zu den **internen Gründen** zählen:

- ineffiziente Aufbauorganisation mit zahlreichen Doppelarbeiten, ungeklärten Zuständigkeiten und geringer Übersichtlichkeit sowie die Notwendigkeit der Bildung neuer Funktionsbereiche (bspw. im Bereich Industrie 4.0).
- ineffiziente Ablauforganisation mit schlechter Prozessabstimmung, unnötigen, teuren und langsamen Prozessen; Ziel ist somit die Optimierung von Arbeitsabläufen.

- zu geringe Flexibilität der Kapazitäten (bspw. Maschinen)
- zu schnell gewachsene Organisationen, neue Geschäftsfelder
- zu viele Vertriebskanäle, zu großes, vielfältiges Sortiment
- Wechsel in der Geschäftsführung
- Mangel an Fachkräften

In allen Fällen gilt es nun zu hinterfragen, inwiefern die gegebene Organisation und das vorhandene Personal mit seinem Entwicklungsstand in der Lage sind, dies zu bewältigen. Dazu bedarf es für gewöhnlich einer Veränderung der Organisation (Organisationsentwicklung, Kap. 1.4), aber auch des Personals (Personalentwicklung, Kap. 1.5).

Phasen des OE-Prozesses

Sofern eine Entwicklung der Organisation erwünscht wird (bspw. bei starkem Wachstum oder Unternehmensübernahmen) können folgende 3 **Phasen des Organisationsentwicklungsprozesses** (nach *Kurt Lewin*) unterschieden werden:

H 2017/S1: A1a-b, 8 Pt.

- **Auftauen** bzw. **Unfreezing**: Die Organisation wird aus ihrem Schlafzustand erweckt, um für die neuen Herausforderungen fit zu werden. Zu diesem Zweck werden neue Richtlinien erarbeitet und ausprobiert. Das wird Widerstände derer bedeuten, die darauf hinweisen, dass etwas schon immer so gemacht wurde und daher gut sei. Das kann zu nachlassender Motivation und Leistungseinbußen dieser Mitarbeiter führen. Dies kann durch ein System von Anreizen und Sanktionen korrigiert werden. Die Mitarbeiter sollten frühzeitig informiert werden und ein Klima der Transparenz herrschen. Zudem sollten die Mitarbeiter in die Planung mit eingebunden werden.
- **Bewegung** bzw. **Moving**: Die Mitarbeiter gewöhnen sich an die neuen Richtlinien und Vorgaben und setzen diese um. Zudem bilden sich neue Systeme der Zusammenarbeit und der Unternehmenskultur heraus. Intensive Mitarbeitergespräche können bei der Übernahme der neuen Perspektive helfen.

1

- **Einfrieren** bzw. **Refreezing**: Sobald sich ein neues, leistungsfähigeres System etabliert hat, sollte dieser Zustand eingefroren und bewahrt werden. Hierfür sind geeignete Überwachungsmechanismen (Kennzahlen etc.) erforderlich.

Es können bspw. folgende **Widerstände** erwartet werden:

- personelle Widerstände der Mitarbeiter, der Manager und des Betriebsrates
- rechtliche Widerstände durch mögliche Rechtsverstöße
- wirtschaftliche Widerstände bei möglichen unvorhersehbaren Kostenbelastungen oder unsicheren Erfolgsaussichten

Erfolgs-/Misserfolgsfaktoren der OE

Zu den **Erfolgsfaktoren** der OE zählen:

- offene, klare Informationspolitik
- Notwendigkeit der Veränderung muss von Führungskräften und Mitarbeitern erkannt werden
- Ziele müssen durch Geschäftsleitung klar dargelegt werden
- Führungskräfte »leben« die Veränderung vor (Vorbildfunktion)

Zu den **Misserfolgsfaktoren** der OE zählen:

- alle Entscheidungen werden von oben ohne Diskussionen (»top down«) vorgegeben
- die Probleme werden nicht erkannt bzw. akzeptiert
- Bereitschaft zur Veränderung fehlt
- unrealistische Vorgaben durch die Führung

Lean Management

F 2015/S1: A1a-b, 4 Pt.

Der Ursprung dieses Prinzips basiert auf der *Lean Production*. **Lean Management** bezieht sich auf eine verschlankte Aufbauorganisation/Organisationsstruktur (durch bspw. eine verringerte Anzahl von Hierarchiestufen), die zu folgenden **Vorteilen/Zielen** führen kann:

- kürzere Informations- und Kommunikationswege
- Kostenersparnis durch weniger Instanzen (die jedoch zwangsläufig eine höhere Kontrollspanne haben müssen und stärker beansprucht werden)
- höhere Motivation der Mitarbeiter
- Kundenorientierung, Prozessdenken und -orientierung

1.4.3 Lernende Organisation

Change Management

Der Veränderungsprozess in Organisationen sollte geplant erfolgen. Hiermit beschäftigt sich das Change Management. Zumindest die folgenden vier wesentlichen **Veränderungsmodelle** sollten bekannt sein:

- **Kaizen** bzw. KVP (kontinuierlicher Verbesserungsprozess): Das Konzept der kontinuierlichen Anpassung/Verbesserung in kleinen Schritten stammt ursprünglich aus Japan. Es entspricht der Idee der **Evolution**.
- **Business-Process-Reengineering**: Dieses aus den USA stammende Konzept steht für einen radikalen Wandel (= **Revolution**).
- **TQM** bzw. »**Total Quality Management**« steht für eine umfassende Qualitätsorientierung aller Teilbereiche des Unternehmens, also auch der Prozesse und nicht nur der Enderzeugnisse.
- **Lernende Organisation** siehe folgender Abschnitt.

1

Lernende Organisation

H 2016/S1: A7a, 3 Pt.

Zwar gibt es auch hier unterschiedliche Definitionsansätze, aber für gewöhnlich basiert das Konzept auf der Idee, dass nicht nur das einzelne Individuum von sich aus lernen muss, sich an neue Situationen anzupassen (= zu lernen). Stattdessen sollten die organisatorischen Regelungen so gestaltet sein, dass sich die Organisation entwickelt und an notwendige Entwicklungen anpasst. Zu diesem Zweck wird das Wissen aller Organisationsmitglieder genutzt und verteilt. Kurz: Im Rahmen der Organisationsentwicklung bezeichnet eine Lernende Organisation eine anpassungsfähige Organisation, die hierfür das Wissen der Organisationsmitglieder nutzt.

Ziele/Instrumente der lernenden Organisation

H 2016/S1: A7b-c, 7 Pt.

- Lernkompetenz der Mitarbeiter erhöhen
- Einführung eines Wissensmanagements
- Kommunikation im Unternehmen verbessern
- Lernen aus Fehlern vermehrt die Erfahrung
- Wertschätzung der Ideen und Vorschläge der Mitarbeiter
- Mitarbeiter aktiv an der Gestaltung der Abläufe (Prozesse) beteiligen – bspw. durch ein betriebliches Vorschlagswesen
- Verbesserungen auch in kleinen Schritten vornehmen (KVP bzw. Kaizen)
- Beim **Mentoring** versuchen erfahrene Führungskräfte einer höherer Ebene ihre Erfahrungen an die nachfolgende jüngere Generation weiterzureichen.

1

1.5 Personalentwicklung (PE)

1.5.1 Ziele der Personalentwicklung

F 2013/S1: A5a, 2 Pt.
F 2014/S1: A7a, 4 Pt.
F 2017/S1: A1b, 4 Pt.

Ziele für das Unternehmen sind u. a.:

- Die Fluktuationsrate senken bzw. niedrig halten und die Bindung der Mitarbeiter an das Unternehmen steigern.
- Die Ausrichtung der Qualifizierung der Mitarbeiter an den aktuellen und prognostizierten betrieblichen Erfordernissen.
- Insgesamt soll ein höheres Qualifizierungsniveau für flexiblere und kreativere Mitarbeiter erzielt werden.
- Nutzung von qualifiziertem internen Personal für interne höherwertige Stellenbesetzungen erhöht die Motivation der Mitarbeiter.
- Senkung der Personalbeschaffungskosten.

Ziele für die Mitarbeiter sind u. a.:

- bessere Karrierechancen
- bessere Chancen am Arbeitsmarkt
- zunehmende Zufriedenheit mit der Arbeit
- Nutzung des eigenen Potenzials
- neue, interessantere Tätigkeiten

Verantwortlichkeit der Personalentwicklung

F 2014/S1: A7b, 3 Pt.

Die Personalentwicklung ist ein Zusammenspiel verschiedener Gruppen, die auch eine entsprechende Verantwortung übernehmen:

- Das **Personalwesen** ist für die Konzipierung, die Durchführung und Kontrolle von PE-Maßnahmen verantwortlich.
- **Führungskräfte** müssen den Entwicklungsbedarf der Mitarbeiter erkennen und diesen – in Zusammenarbeit mit der Personalabtei-

lung – mit möglichen Bildungsinhalten vergleichen und den Mitarbeiter für mögliche Instrumente der Personalentwicklung einplanen und ggf. freistellen. Zur Evaluierung des Entwicklungsbedarfs werden Mitarbeitergespräche (bspw. in Form von Beurteilungsgesprächen) geführt. Der Vorgesetzte sollte sich gewissenhaft darauf vorbereiten, Termine vereinbaren, Räume organisieren usw.

1.5.2 Instrumente der Personalentwicklung

Zur **Feststellung des Qualifizierungsbedarfs** der Mitarbeiter werden verschiedene **Methoden/Instrumente** verwendet: Stellenbeschreibungen, Assessment-Center, Leistungsbeurteilung, Potenzialanalyse, Persönlichkeits-, Intelligenztests und Gespräche zur Personalentwicklung.

Stellenbeschreibung

H 2011/S1: A8a, 2 Pt.

Zur Kennzeichnung der verschiedenen Stellen eines Unternehmens dienen schriftliche **Stellenbeschreibungen**. Zu deren **Inhalten** gehören:

- Stellenbezeichnung und Einordnung der Stelle in die Organisation mit dazugehörigen Über- und Unterstellungsverhältnissen
- Stellvertretung/Prokura
- Aufgaben und Ziele der Stelle
- Anforderungen, Kompetenzen, Befugnisse und Vollmachten
- tarifliche Einordnung bzw. Lohngruppen (kein Gehalt!)

Zu den **Aufgaben** der Stellenbeschreibung zählen: (1) Orientierung für (neue) Mitarbeiter, (2) Grundlage für Stellenbewertung und Leistungsbeurteilung, (3) Basis für die Personalbeschaffung (bspw. Stellenanzeigen), (4) Entlohnungsgrundlage, (5) Hilfe bei der Formulierung von Arbeitszeugnissen, (6) klare Abgrenzung der Aufgabengebiete und damit Vermeidung von Doppelarbeiten. (7) Grundlage der PE.

Potenzialanalyse und Mitarbeiterbeurteilung

F 2013/S1: A5b, 4 Pt.

Die Potenzialanalyse analysiert systematisch die Qualifizierung der Mitarbeiter. Dabei wird geprüft, inwiefern sie den gegenwärtigen oder zukünftigen unternehmerischen Erfordernissen entspricht. Sofern dies nicht gegeben ist, sind Maßnahmen der PE erforderlich. Zu den **Kompetenzbereichen** bei einer Potenzialanalyse zählen:

- **Fachkompetenz**: Fachwissen im jeweiligen Tätigkeitsbereich, Fremdsprachenkenntnisse, Allgemeinwissen
- **Methodenkompetenz**: Anwendung der richtigen Methoden der Organisation, der Führung und der Umsetzung des Wissens
- **Sozialkompetenz**: Kommunikations-, Team-, Kritik- und Kontaktfähigkeit, Einfühlungsvermögen
- **Persönlichkeitskompetenz**: Lernbereitschaft, Leistungsfähigkeit, Belastbarkeit, Selbstorganisation, analytisches Vermögen

Verschiedene Formen der Fremd- u. Selbstbewertung dienen der **Mitarbeiterbeurteilung**: (1) 360°-Bewertung, bei der die Beurteilung aus dem Blickwinkel verschiedener Beobachter erfolgt (selbst, Vorgesetzte, Kollegen, Kunden u. Projektteammitglieder). (2) 270°-Bewertung (selbst, Vorgesetzte u. Kollegen), (3) 180°-Bewertung (selbst u. Vorgesetzte),

Phasen der Qualifizierung bzw. Personalentwicklung

- **Planungsphase**: a) Ziele der PE-Maßnahmen formulieren, b) Abgleich mit vorhandenen Qualifikationen um Qualifizierungsbedarf zu bestimmen, c) Entscheidung hinsichtlich externer/interner Bildungsträger, d) Wahl der Maßnahmen, e) Ort u. Durchführung, f) Methoden.
- **Durchführungsphase**: a) Erwartungshaltung der Teilnehmer erfragen, b) Durchführung nach Planung, c) Kontrolle während und am Ende durch Übungen, d) Beurteilungsbögen austeilen u. auswerten.

1

- **Transferphase**: a) Teilnehmer zur Reflexion anregen: Wie kann das erlernte Wissen genutzt werden? b) Planung zur praktischen Umsetzung des Wissens. c) Kontrolle, inwiefern das Wissen tatsächlich genutzt wurde.

Personalentwicklungsmaßnahmen

F 2013/S1: A5c, 4 Pt.
F 2014/S1: A7c, 4 Pt.

Ziel der innerbetrieblichen Förderung ist die Anpassung der Mitarbeiter an die betrieblichen Erfordernisse durch motivierende und leistungssteigernde Maßnahmen:

- **Job-Enrichement**: Die Arbeit des Mitarbeiters wird durch ein höheres Anspruchsniveau bereichert. Dies erfordert für gewöhnlich Weiterbildungsmaßnahmen. *Vorteile*: Motivation, Entfaltung, Leistungsbereitschaft. *Nachteile*: ggf. Überforderung und Fehlentscheidungen.

- **Job-Enlargement**: Der Mitarbeiter erhält ein erweitertes Arbeitsspektrum auf gleichem Niveau. Damit wird die übertriebene Arbeitsteilung (*Taylorismus*) reduziert. *Vorteile*: Motivation und Leistungsbereitschaft, besserer Überblick. *Nachteile*: ggf. Mehrarbeit mit steigender Belastung und Überforderung, geringere Produktivität.

- **Job-Rotation**: Die Mitarbeiter tauschen die Arbeitsplätze um andere Bereiche des Unternehmens bzw. der Abteilung kennenzulernen. Dabei wird keine Beförderung innerhalb der Hierarchie vorgenommen. Als *Vorteile* gelten die höhere Motivation und Leistungsbereitschaft sowie die steigende Flexibilität und Übersicht der Mitarbeiter. *Nachteilig* sind die Einarbeitungszeit und deren Kosten sowie die entstehende Unruhe im Unternehmen.

- **Coaching**: Fach- und Führungskräfte werden von externen und internen Beratern betreut. Damit soll ebenfalls eine Erweiterung und Bereicherung des Arbeitsbereichs ermöglicht werden. *Vorteil*: Die Mitarbeiter sind nicht auf sich gestellt, sondern werden unterstützt. *Nachteil*: Kosten.

Zu den **Trainingsmaßnahmen** zählen:

- **Training-on-the-Job**: Unterweisung am Arbeitsplatz, bspw. Schulungen an neuen Maschinen sowie Einrichtung dieser
- **Training-near-the-Job**: nicht direkt am Arbeitsplatz, aber im Unternehmen – bspw. Duales Studium oder Trainee-Programm bei denen Mitarbeiter noch nicht (ausschließlich) am endgültigen Arbeitsplatz eingesetzt werden
- **Training-off-the-Job**: Unterweisung außerhalb des Arbeitsplatzes (bspw. Fortbildungslehrgänge in Schulungsräumen)
- **Training-along-the-Job**: berufsbegleitendes Lernen
- **Training-into-the-Job**: Ausbildung, Einarbeitung

Trainee-Programm

Eine besondere Form des Training-near-the-Jobs stellen Trainee-Programme für zumeist Akademiker dar. Hier werden hochqualifizierte Mitarbeiter (für gewöhnlich Hochschulabsolventen) in verschiedenen Abteilungen oder bestimmten Projekten für ihren zukünftigen Einsatz geschult. Dies wird durch vielfältige Seminare begleitet. Bei der Planung bzw. Konzipierung eines Trainee-Programms sollten die folgenden Aspekte berücksichtigt werden:

- Zeitraum und Dauer des gesamten Trainee-Programms.
- Festlegung der zu durchlaufenden Abteilungen bzw. Projekte und deren jeweiliger Zeitbedarf.
- Bestimmung des organisatorischen Ablaufs und der Kosten.
- Festlegung der jeweiligen Verantwortlichen bzw. Mentoren der jeweiligen Programmteilnehmer.
- Klarstellung, inwiefern das Programm abgeschlossen wird und eine Übernahme fest geplant wird.

1

Formen der außerbetrieblichen Fortbildung

- **Lehrgänge**: Formen der Aufstiegsfortbildung (bspw. Meisterlehrgänge der IHK oder HWK).
- **Seminare**: bestimmte Lernziele (Fach-, Methoden- und Sozialkompetenz) erreichen, interaktives Lernen (bspw. Präsentationen und Rollenspiele), geringe Teilnehmerzahl.
- **Tagungen**: Basiswissen sollte vorhanden sein, viele Informationen, geringe Nachhaltigkeit, wenig Zeit für Fragen und Diskussionen.
- **Konferenzen**: themenspezifische Sitzungen zumeist in einem Raum, keine Vorträge, sondern Kommunikation.
- **Kongresse**: mehrtägige Treffen mit verschiedenen Einzelveranstaltungen oft in verschiedenen Räumen, vielfältige Themen und Vorträge von Spezialisten, zusätzlich kleine Diskussionsgruppen abseits der Vorträge.

Stufen der Aus- und Fortbildung

- **Ausbildung**: Grundstufe zur Erlangung beruflicher Praxis und theoretischen Wissens.
- **Fortbildung**: Erhaltung, Erweiterung und Anpassung der beruflichen Qualifikationen:
  - **Aufstiegsfortbildung**: Lehrgänge zur Erlangung höherer Qualifikationen mit anerkannten Abschlüssen: Fachkaufleute, Fachwirte, Meister und Betriebswirte.
  - **Anpassungsfortbildung**: Anpassung der Qualifikation an neuere Entwicklungen (bspw. neue Arbeitsschutzvorschriften)
  - **Erweiterungsfortbildung**: Erweiterung des Wissens ohne beruflichen Aufstieg (technische Grundkenntnisse für Kaufleute in einem Industriebetrieb).
  - **Erhaltungsfortbildung**: Das vorhandene Wissen soll erhalten bzw. aufgefrischt werden.

1.6 Projektmanagement (PM)

1.6.1 Definition und Rahmenbedingungen

F 2011/S1: A2b, 5 Pt.
H 2011/S1: A7a, 4 Pt.
F 2012/S1: A7a, 3 Pt.
H 2013/S1: A7a-c, 15 Pt.
H 2014/S1: A1a, 3 Pt.
F 2015/S1: A2a, 6 Pt.
F 2018/S1: A7a, 4 Pt.

Folgende **Merkmale** kennzeichnen/definieren ein Projekt:

- klares Ziel bzw. Aufgabe
- einmaliger Vorgang, Neuartigkeit
- zeitliche Befristung (häufig fester Anfangs- und Endzeitpunkt)
- vorgegebene Mittel (bspw. in Form eines Budgets)
- untypische Tätigkeit (entspricht nicht dem Tagesgeschäft)
- Komplexität in technischer und organisatorischer Hinsicht
- in die Organisation eingebunden
- Zusammenarbeit von Mitarbeitern unterschiedlicher Abteilungen

Daraus leiten sich auch die **Elemente/Kriterien** eines Projekts ab:

- *Projektbezeichnung* bzw. -nummer
- *Ziel(e)* des Projekts
- *Projektorgane*: Projektleiter, Projektmitglieder, Arbeitsgruppen innerhalb des Projektteams u. Lenkungsausschuss (Geschäftsleitung ist Auftraggeber des Projekts und trägt letztlich die Verantwortung).
- *Budget* des Projekts, Zuteilung der *Ressourcen* für das Projekt
- feste *Zeitpunkte* des Projektbeginns und -endes

Zu den **Vorteilen/Chancen der Projektarbeit** gehören:

- klare Vorgaben (Ziel, Zeitvorgaben und Budget) ergeben eine erfolgsorientierte Vorgehensweise

- gute Möglichkeit zur Personalentwicklung für den Führungsnachwuchs durch die Projektleitung Führungserfahrungen zu erlangen
- Wissenstransfer im Unternehmen durch die abteilungsübergreifende Zusammenarbeit
- fördert die Unternehmenskultur positiv durch die Zusammenarbeit
- steigert die Motivation der Mitarbeiter, da sie aus dem Alltagstrott herauskommen

Nachteile/Risiken der Projektarbeit können sein:

- Je nach Integration der Projekte in die Organisation kann es zur Überforderung der Mitarbeiter oder zu Abstimmungsproblemen mit den entsprechenden Abteilungen kommen.
- Projekte benötigen viele Ressourcen (Mitarbeiter usw.).
- Zum Teil zu geringe Qualifikation der Projektmitglieder.
- Es können Uneinigkeit bzw. Streitigkeiten bei schlechter Zusammensetzung der Projektgruppe entstehen.
- Sofern zusätzlich externe Berater benötigt werden, entstehen hohe Kosten. Geringes Kostenbewusstsein der Projektmitglieder.

Phasen der Gruppenbildung bei Projekten

- **Forming** (Orientierungsphase): In dieser Kennenlernphase entsteht die Gruppe. Die Gruppenmitglieder müssen ihre Rolle und Aufgabe finden und sich mit dieser identifizieren. Es ist jedoch noch kein gegenseitiges Vertrauen vorhanden und Konflikte werden noch gemieden.
- **Storming** (Konfrontationsphase): Früher oder später wird es in der Gruppe zu Machtkämpfen um Status/Rang, Mittel und Kompetenzen kommen. Im Extremfall kann eine Gruppe hier scheitern.
- **Norming** (Kooperationsphase): Nachdem die Machtkämpfe ausgetragen sind, konsolidiert sich in dieser *entscheidenden Phase* die

Gruppe durch die Schaffung gemeinsamer Werte und Normen. Es entsteht gegenseitiges Vertrauen und am Ende das prägende Wir-Gefühl.

- **Performing** (Wachstumsphase): Nun sind alle Voraussetzungen geschaffen, damit die Gruppe ihre ganze Energie auf die anvisierten Ziele und Aufgaben konzentrieren kann. Je nach Gruppenzusammenhalt und -identität sind gute Leistungen möglich.

Hinweis:

Dieses Phasenmodell der Gruppenbildung passt auch zum Fach »Führung & Zusammenarbeit« im RSP 9.6. Zudem war es auch schon Teil des Fachs »Unternehmensführung« (RSP 4.2.4) der WQ-Prüfungen.

1.6.2 Projektformen und -anlässe

F 2011/S1: **A2a**, 3 Pt.
H 2011/S1: **A7b**, 6 Pt.
F 2012/S1: **A7b**, 3 Pt.
H 2012/S1: **A6a-b**, 8 Pt.
H 2014/S1: **A1b**, 4 Pt.
F 2015/S1: **A2b**, 3 Pt.
H 2015/S1: **A2a**, 3 Pt.
H 2017/S1: **A2a**, 2 Pt.
F 2018/S1: **A7b**, 8 Pt.

Es werden verschiedene Formen der organisatorischen Eingliederung von Projekten unterschieden. Hierzu zählen die folgenden fünf Formen, die anschließend ausführlich erläutert werden:

- Linien-Projektorganisation
- Stablinien-Projektorganisation
- Matrix-Projektorganisation
- reine Projektorganisation
- Projektgesellschaft

Linien-Projektorganisation

Projekte werden hier in die gegebene Linienorganisation integriert und es werden keine Änderungen an der Aufbauorganisation vorgenommen. **Vorteile**: einfach, schnell, kostengünstig. **Nachteile**: Überforderung der Mitarbeiter, Kompetenzgerangel, unklare Zuordnung der Aufgaben und Kompetenzen, ineffizient.

1

Stablinien-Projektorganisation

Bei der **Stablinien-Projektorganisation** werden die Projektleiter in Form von Stabsstellen in die Aufbauorganisation integriert. Da diese nur eine beratende Funktion besitzen, haben sie kein disziplinarisches Weisungsrecht gegenüber den Projektmitgliedern, die sich aus unterschiedlichen Abteilungen zusammensetzen. Sie ist typisch für Unternehmen mit nur wenigen Projekten.

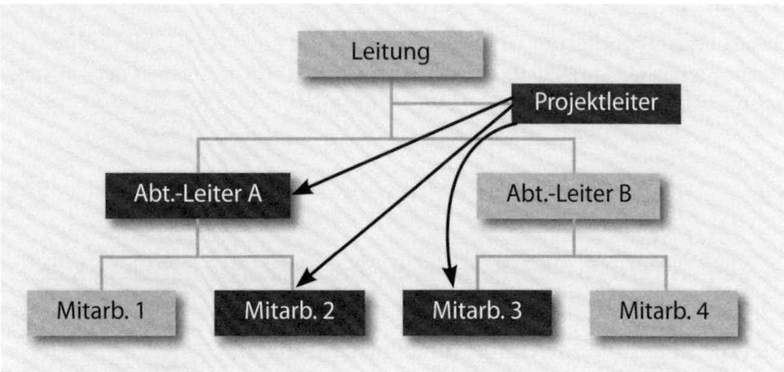

- Zu den **Vorteilen** zählt die größere Flexibilität, da Projekte rasch gegründet und aufgelöst werden können, ohne die Linienorganisation verändern zu müssen. Das dürfte die Kosten senken und die Anpassung bei Projektstart und -ende vereinfachen.
- **Nachteilig** sind die fehlenden Befugnisse des Projektleiters und die Abstimmung mit den Linienleitern der Projektmitglieder. Oftmals zu geringe Kapazitäten für den Projektleiter.

Matrix-Projektorganisation

Sofern in einem Unternehmen ständig parallel ablaufende Projektgruppen zu bilden sind (**Multiprojektmanagement**), empfiehlt sich die **Matrix-Projektorganisation**. Die Projektleiter werden horizontal in der Matrixorganisation den vertikalen Linienleitern gleichgestellt. Somit muss eine Abstimmung zwischen den Linien- und Projektleitern hinsichtlich des Einsatzes der Mitarbeiter erfolgen.

1

- Zu den **Vorteilen** zählen: Die Mitarbeiter können in der Linien-Abteilung verbleiben und ihrer angestammten Tätigkeit nachgehen, sind aber trotzdem dem Projektleiter zugeordnet. Dies senkt die Kosten und erhöht die Flexibilität und wohl auch die Motivation, da die Mitarbeiter abwechslungsreichere Tätigkeiten haben. Die Projektmitarbeiter sind eher ausgelastet.
- **Nachteilig** sind die wie bei jeder Matrixorganisation möglicherweise bestehenden zeitaufwendigen Konflikte/Kompetenzstreitigkeiten zwischen Linien- und Projektleitern. Den Mitarbeitern fehlt die klare Zuweisung zu einem Vorgesetzten. Zudem werden die Mitarbeiter durch die Doppelbelastung häufig überfordert und demotiviert.

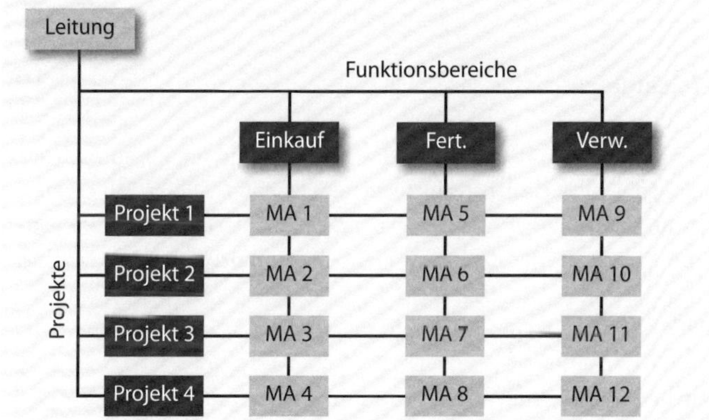

Reine Projektorganisation

Sofern der volle Einsatz der Mitarbeiter erforderlich ist, kann eine **reine Projektorganisation** (autonome Projekte) gewählt werden. In dieser werden die Projekte in Linie (wie Abteilungen) in die Aufbauorganisation integriert – sinnvoll bei umfangreichen/langfristigen Projekten.

- **Vorteile** sind natürlich die klare hierarchische Einordnung ohne Kompetenzgerangel um die Projektmitglieder, schnelle Reaktionen und kurze Kommunikationswege.

1

- **Nachteilig** sind die geringere Flexibilität und ggf. höhere Kosten sowie die Schwierigkeiten bei Projektende und der (Wieder-) Eingliederung in andere Abteilungen.

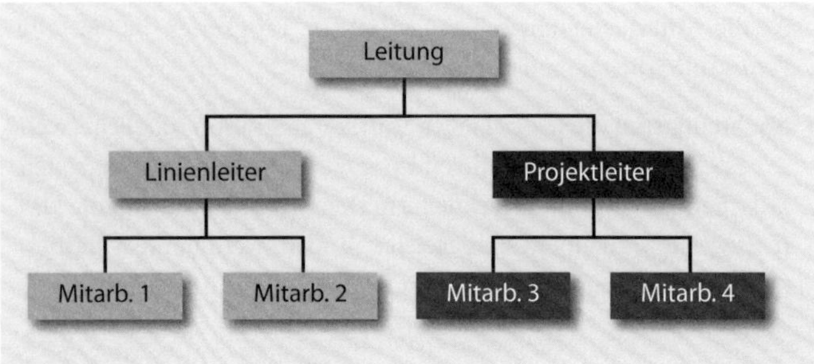

Projektgesellschaft

Hier wird das Projekt sogar in eine rechtlich und organisatorisch selbständige Unternehmensrechtsform ausgegliedert. Dieser Fall ergibt für gewöhnlich nur bei langfristigen und ggf. internationalen Projekten Sinn – bspw. bei der Exploration eines bestimmten Öl- oder Gasfeldes.

Widerstände gegen Projektorganisationen

F 2012/S1: A7e, 6 Pt.

Zu den Widerständen der Projektmitglieder und möglichen Gegenmaßnahmen zählen:

- Gegen grundsätzliche Ängste vor Veränderungen helfen: Transparenz, intensive Kommunikation der Ziele und Maßnahmen, Schulungen und Workshops.
- Akzeptanzproblem in Bezug auf die Aufbauorganisation: hier helfen die gleichen Lösungsansätze.
- Widerständen aufgrund von rechtlichen Bedenken kann durch Einbeziehung des Betriebsrats, durch Schulungen und Workshops sowie intensive rechtliche Vorbereitung entgegengewirkt werden.

Faktoren bei der Wahl der Projektorganisation

- Art (Bedeutung, Umfang und Dauer) des Projekts
- einzigartige oder regelmäßig ähnliche Projekte
- bisherige Organisationsstruktur und Größe des Unternehmens
- Budget und notwendige Ressourcen für das Projekt
- Kapazitätsauslastung der möglichen Projektmitglieder
- Inwiefern wird unterschiedliches Fachwissen aus unterschiedlichen Bereichen benötigt?

1.6.3 Gestaltung der Projektorganisation

H 2011/S1: A8b, 3 Pt.
F 2013/S1: A6b, 4 Pt.

Zu den verschiedene **Formen der Darstellung, Planung und Dokumentation von Prozessen/Projekten** (Vorgehens- bzw. Phasenmodelle) dienen:

Arbeitsablaufdiagramm und Gantt-Diagramm

In Arbeitsablaufdiagrammen werden die einzelnen Arbeitsschritte eines bestimmten Tätigkeitsbereichs aufgelistet und einzelnen Funktionen oder Abteilungen zugeordnet. Ein **Gantt-Diagramm** (Balkenplan) erfasst grafisch den Zeitbedarf einzelner Projekte durch (horizontale) Balken, deren Länge dem Zeitbedarf entspricht.

Flussdiagramm

Arbeitsablaufdiagramme sind gut für einfache Arbeitsabläufe geeignet. Sofern die Arbeitsabläufe verzweigter sind und logische Verknüpfungen bestehen, sind komplexere Darstellungsformen notwendig. Mit Hilfe von Flussdiagrammen können logische Verknüpfungen (Wenn-dann-sonst-Abfragen) zur Darstellung von Arbeitsabläufen genutzt werden (Fallbsp. in Kap. 2.1.2). Hierfür werden standardisierte Symbole verwendet, die an eine Vorstufe der EDV-Programmierung erinnern.

1

Netzplantechnik

H 2014/S1: A1c, 3 Pt.
H 2016/S1: A8a-c, 13 Pt.

Sofern es sich um sehr komplexe Prozessabfolgen handelt (wenn zahlreiche parallele Prozesse ablaufen, die sich verknüpfen und wieder verzweigen), ist die Netzplantechnik ein geeignetes Instrument, diese strukturiert darzustellen. Die Netzplantechnik stellt ein Hilfsmittel dar, das vor allem den folgenden **Zielen/Zwecken** dient. Dies zeigt sich insbesondere bei **Projekten**:

- Die logischen **Zusammenhänge** eines Projektes vom Anfang bis zum Abschluss können übersichtlich dargestellt werden.
- Für alle Vorgänge eines Projektes kann mit Hilfe der Netzplantechnik ein **Zeitplan** entwickelt werden.
- Ermittlung des **kritischen Pfades** u. möglicher zeitlicher Engpässe.
- Kritische Vorgänge und **Ressourcenengpässe**, welche die Einhaltung des Endtermins gefährden können, lassen sich leicht identifizieren. Dies vermindert die Planungsunsicherheit.
- Netzpläne bilden die Basis für die laufende **Projektkontrolle** und **Terminüberwachung**.

Zu den **Nachteilen** der Netzplantechnik zählen:

- großer Aufwand der Erstellung des Netzplanes
- es setzt genaue Schätzungen hinsichtlich der Vorgänge und deren Zeitbedarf voraus
- bei komplexen Netzplänen ist der Anpassungsaufwand groß, ständig muss ein Abgleich zwischen Soll- und Ist-Zustand erfolgen

In der folgenden Übersicht wird das fiktive **Fallbeispiel** der Erstellung eines Buches vorgestellt. Das Projekt könnte frühestens nach 95 Tagen fertig sein, müsste aber spätestens nach 100 Tagen fertig sein.

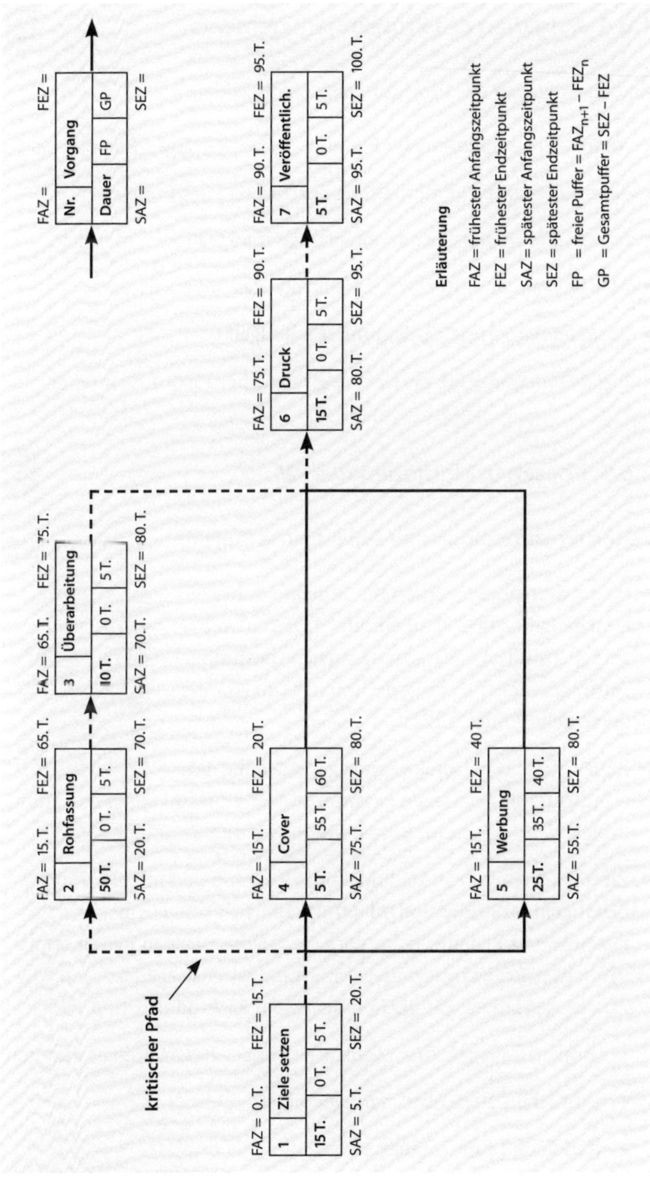
FAZ = FEZ =
Nr. Vorgang
Dauer FP GP
SAZ = SEZ =
FAZ = 0. T. FEZ = 15. T.
1 Ziele setzen
15 T. 0 T. 5 T.
SAZ = 5. T. SEZ = 20. T.
kritischer Pfad
FAZ = 15. T. FEZ = 65. T.
2 Rohfassung
50 T. 0 T. 5 T.
SAZ = 20. T. SEZ = 70. T.
FAZ = 65. T. FEZ = 75. T.
3 Überarbeitung
10 T. 0 T. 5 T.
SAZ = 70. T. SEZ = 80. T.
FAZ = 15 T. FEZ = 20 T.
4 Cover
5 T. 55 T. 60 T.
SAZ = 75. T. SEZ = 80. T.
FAZ = 15 T. FEZ = 40 T.
5 Werbung
25 T. 35 T. 40 T.
SAZ = 55. T. SEZ = 80. T.
FAZ = 75. T. FEZ = 90. T.
6 Druck
15 T. 0 T. 5 T.
SAZ = 80. T. SEZ = 95. T.
FAZ = 90. T. FEZ = 95. T.
7 Veröffentlich.
5 T. 0 T. 5 T.
SAZ = 95. T. SEZ = 100. T.
Erläuterung
FAZ = frühester Anfangszeitpunkt
FEZ = frühester Endzeitpunkt
SAZ = spätester Anfangszeitpunkt
SEZ = spätester Endzeitpunkt
FP = freier Puffer = FAZn+1 – FEZn
GP = Gesamtpuffer = SEZ – FEZ

1

1.6.4 Aufgaben des Projektmanagements

F 2013/S1: A6a, 2 Pt.

Zu den Aufgaben des Projektmanagements zählen:

- *Anforderungsmanagement*: Planung der notwendigen Ressourcen
- *Terminmanagement*: Einhaltung der Termine des Projekts
- *Informationsmanagement*: notwendige Informationen managen
- *Management der Projektziele*: Kontrolle des Projekterfolgs
- *Kostenmanagement*: Einhaltung des Budgets
- *Risikomanagement*: Überwachung möglicher Risiken/Konflikte

1.6.5 Phasen u. Methoden des PM

Zeitlicher/chronologischer Ablauf eines Projekts

F 2011/S1: A2c, 7 Pt.
H 2011/S1: A7c, 6 Pt.
F 2012/S1: A7c-d, 6 Pt.
H 2015/S1: A2b-c, 8 Pt.
F 2016/S1: A2a, 6 Pt.
H 2017/S1: A2b, 4 Pt.
F 2018/S1: A7c, 4 Pt.

- In der **Startphase** werden die Projekte durch die Geschäftsführung, Kunden oder Lieferanten angeregt (initiiert). Zugrunde liegen bestimmte Aufträge, Ideen, technische Entwicklungen oder gesetzliche Änderungen.
- In der Phase der **Projektplanung** werden die notwendigen Informationen gesammelt. Die Projektplanung bestimmt Projektziele, Zeitraum, Mittel, Mitglieder und Ressourcen.
- Zum Start eines Projekts findet eine Zusammenkunft aller Projektbeteiligten statt (**Kick-off-Meeting**), um sich kennenzulernen, Projektziele und Bedeutung hervorheben, Kompetenzen klären, Motivation der Projektmitglieder, Kommunikationswege festlegen usw. Zu den konkreten **Tätigkeiten** bei einem Kick-off-Meeting zählen:
  - Zeitplan festlegen, finanzielle u. personelle Ressourcen bestimmen
  - rechtliche Rahmenbedingungen klären
  - Markt- und Kundenanalyse

- Die Phase der **Projektsteuerung** steht für die Umsetzung der Projektziele und der Planungsinhalte. Die Projektleitung trägt die Verantwortung für die Durchführung.
- Zum Schluss findet die **Projektkontrolle** statt. Die Projektergebnisse werden vorgelegt und geprüft. Dazu gehört auch eine **Projektdokumentation**.
- Alternativ kann auch das folgende **Phasenmodell** verwendet werden: (1) **Definition** (Projektantrag) durch Festlegung der Ziele, Termine und Kosten des Projekts, (2) **Planung** (Projektauftrag) des Projektablaufs und der erforderlichen Ressourcen, (3) **Durchführung** des Projekts durch Steuerung, Fortschrittskontrolle und ggf. notwendigen Korrekturmaßnahmen sowie (4) **Abschluss** des Projekts durch Ergebnispräsentation und Projektdokumentation.
- In allen Phasen kann der **Zeitaufwand** durch geeignete Maßnahmen reduziert werden: (1) Vorgabezeiten senken, (2) klare Kommunikationswege definieren, (3) Kompetenzen eindeutig vorgeben, (4) Dokumentation reduzieren.
- Die **Projektstrukturplanung** beinhaltet folgende Elemente: (1) Lagebeschreibung (Ist-Zustand), (2) Beschreibung des Sollzustandes, (3) Soll-Ist-Abgleich, (4) Umsetzungsplan: Ziele, Aufgaben, Ressourcen, Budget etc. festlegen und (5) zeitliche Umsetzung: Zeitbedarf, Meilensteine.

1.6.6 Projektsteuerung, -abschluss, u. -kontrolle

F 2013/S1: A6c, 2 Pt.

Die **Projektsteuerung** steht, wie schon erwähnt, für die Umsetzung der Projektziele und der Planungsinhalte. Ein ordentlicher **Projektabschluss** ist erforderlich um ... (1) eine unnötige Verlängerung des Projekts zu vermeiden und (2) eine ordentliche Produktdokumentation zu erstellen. Die **Projektdokumentation** ist einerseits wichtig um den Ablauf des Projekts nachvollziehen und kontrollieren zu können. Andererseits soll gerade für zukünftige Projekte die Planung vereinfacht werden.

1

1.6.7 Einflüsse u. Auswirkungen auf Projekte

F 2016/S1: A3a-b, 7 Pt.

Ein großes Problem bei Projekten können möglicherweise auftretende **Konflikte** sein. Zu den **Konfliktursachen** zählen: (1) Zielkonflikte der unterschiedlichen Projektmitglieder. (2) Bewertungskonflikte stehen für eine unterschiedliche Interpretation einer Sachlage. (3) Beziehungskonflikte der Projektmitglieder auf persönlicher Ebene. Zu den **Lösungsansätzen** zählen: (1) Mitarbeitergespräche, (2) Workshops und (3) Mediation.

Tipp:

Das Thema **Konfliktmanagement** wird ausführlich im Fach »Führung & Zusammenarbeit« als eigenes Kapitel 3 behandelt.

1.6.8 Einsatz von IT-Technologie im PM

Auch im Projektmanagement sind verschiedene IT-Technologien sinnvoll einsetzbar:

- **Software**: bspw. Erstellung von Netzplänen oder Gantt-Diagrammen.
- **Kommunikationstechnik**: bspw. Videokonferenzen von Mitarbeitern, die an getrennten Orten arbeiten.

Tipp:

Das Thema Projektmanagement bietet sich bei handlungsorientierten Aufgaben geradezu an. Hier gibt es Aufgaben, die nicht allgemein gelernt werden können, sondern immer sehr fallbezogen sind.

2

2 Informations- u. Wissensmanagement

Daten bestehen aus gesprochenen oder geschriebenen Buchstaben, Zahlen oder Sonderzeichen. Eine Ansammlung von Daten kann einen Sinn ergeben oder auch nicht. Die sinnvolle Ansammlung von Daten wird als **Information** bezeichnet. Sofern die Information für jemanden relevant ist, spricht man von **Wissen**. In diesem dreistufigen System ist aus betriebswirtschaftlicher Sicht das Wissen entscheidend. Aus technischer Sicht beschäftigt man sich mit Daten bzw. Informationen.

- Das **Informationsmanagement** bezieht sich allgemein auf die Verwaltung von Informationen. Dabei stehen Fragen der Informationstechnologie (IT) im Vordergrund. Daneben sind auch rechtliche Aspekte (bspw. beim Datenschutz) zu bedenken.
- Das **Wissensmanagement** ist bestrebt, das im Unternehmen vorhandene Wissen zentral für alle zugangsberechtigten Mitglieder zur Verfügung zu stellen und damit das nutzbare Wissen zu mehren.

2.1 Informationsmanagement (IM)

2.1.1 Ziele, Aufgaben u. Methoden des IM

Zu den Zielen des Einsatzes der IT gehören bspw.: (1) Kostensenkung, (2) Entscheidungsvorbereitung, (3) Prozessoptimierung und Qualitätsverbesserung, (4) Managementunterstützung u. (5) Forschung & Entwicklung zu unterstützen.

2.1.2 Grundkonzept eines IM

F 2015/S1: A3a-b, 6 Pt.
F 2016/S1: A4, 8 Pt.

Wesentliche **Anforderungen** eines Informationsmanagements sind:

- **Datenintegrität**: Die Daten/Informationen müssen korrekt, genau und gültig sein. Dabei müssen sie auch im nicht-verarbeiteten Zustand vorliegen.

- **Verfügbarkeit** der Daten: Der Zugriff der zugriffsberechtigten Mitarbeiter muss gesichert werden.
- **Vertraulichkeit**: Sensible Daten müssen mit einem sinnvollen Zugriffsrechtesystem ausgestattet sein.

Tipp:

Sie sollten nicht die Begriffe **Informationsmanagementsystem** in Kapitel 2.1 (System zum Management von Informationen) und **Managementinformationssystem** in Kapitel 3.4 (System zur Erfassung und Verteilung von für das Management relevanten Informationen) verwechseln. Das 1. ist generell für Informationen, das 2. speziell für Informationen für das Management.

Zu den **Schritten der Einführung eines Informationsmanagementsystems** zählen: (1) Informationsbedarf analysieren, (2) Erfassung des tatsächlichen Informationsbestandes, (3) Analyse und Aufbereitung der Informationen und (4) Informationen zur Verfügung stellen. Dabei muss auf genaue Zugriffsrechte geachtet werden.

Software

F 2014/S1: A5a, 4 Pt.

Zur Verarbeitung der Informationen sind neben der installierten Technik in Form der EDV-Hardware geeignete Programme (Software) zu installieren. Wichtige Begriffe:

- **Standardsoftware** kann relativ günstig (und für viele Nutzer geeignet) erworben werden, ist aber nicht unbedingt an den betrieblichen Erfordernissen ausgerichtet.
- **Branchensoftware** orientiert sich an den typischen Erfordernissen der Branche und ist daher schon geeigneter.
- **Individualsoftware** ist völlig an den betrieblichen Vorgaben ausgerichtet, ist jedoch relativ teuer im Erwerb und Unterhalt.
- **Open-Source-Software** hat einen für alle offenen Quellcode (bspw. Linux). Dies sorgt für Transparenz und Flexibilität.
- **Closed-Source-Software** hat demgegenüber keinen offenen Quellcode (bspw. Mac OS). Damit ist es auch weniger anfällig für Hacker-

attacken. Jedoch ist eine Anpassung kostenintensiv nur durch den Urheber möglich.

- Bei der Wahl einer geeigneten Software spielen zahlreiche **Kriterien** eine Rolle: (1) Kosten des Erwerbs/der Installation, (2) Kosten des Unterhalts, (3) Wartungsaufwand, (4) Sicherheit, (5) Datenschutz, (6) Anpassungsfähigkeit der Software, (7) Schnittstellen usw.

Flussdiagramm und Workflow

F 2014/S1: A5b-c, 8 Pt.

Ein **Workflow** wird durch verschiedene Arbeitsschritte definiert. Zur Darstellung bieten sich bspw. **Flussdiagramme** an (vgl. Kapitel 1.6.3). Ein *Fallbeispiel* der Installation neuer Hardware und der hierfür notwendigen Software soll dies verdeutlichen:

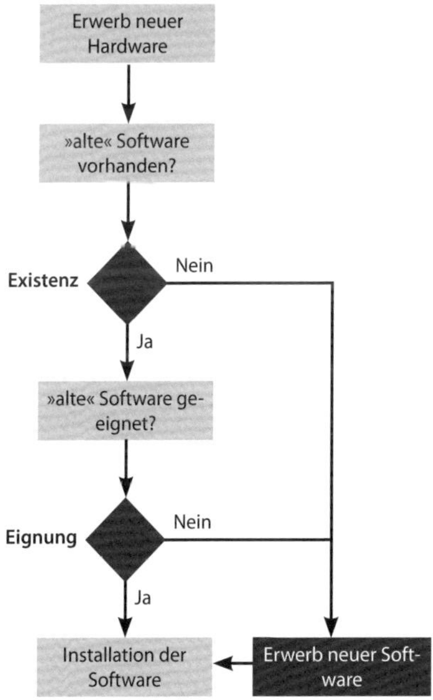

2

2.1.3 Interne Informationsquellen

Zur **Informationsbeschaffung** dienen folgende **interne Quellen** des Unternehmens:

H 2011/S1: A9a-b, 10 Pt.
F 2013/S1: A7a-c, 8 Pt.
H 2015/S1: A3a, 2 Pt.

- **Warenwirtschaftssystem, Managementinformationssysteme** (MIS), **Unternehmenssoftware**
- **Know-how** der Mitarbeiter
- **Data-Warehouse**: Darin werden die Informationen so wie in einem Kaufhaus gespeichert, so dass der Mitarbeiter bei Bedarf auf die für ihn wichtigen Daten zugreifen kann.
- **Data-Mining**: Hier geht es um den strukturierten Zugriff und die zielorientierte Analyse der Daten im Data-Warehouse.
- **Checklisten**: Hier werden die notwendigen Arbeitsschritte bestimmter Tätigkeiten aufgelistet oder in komplexeren Darstellungsformen vermittelt (bspw. Ablauf-, Flussdiagramme).
- **Story-Telling**: Dieser Ansatz dient dazu, gemeinsame Werte, Traditionen und Normen durch Erzählungen zu vermitteln.
- **Frequently Asked Questions/FAQ**: häufig auftauchende Fragen zu bestimmten Themen mit geeigneten Antworten/Lösungen.
- **Ideenmanagement**: erfasst, speichert und wertet Ideen/Verbesserungsvorschläge von Mitarbeitern aus.
- **Innovationszirkel**: In Arbeitskreisen treffen sich bestimmte Mitarbeiter um über Innovationen zu diskutieren bzw. diese zu entwickeln. Die Mitarbeiter gehören für gewöhnlich zur gleichen Hierarchiestufe.
- **Qualitätszirkel**: Entsprechend treffen sich die Mitarbeiter in Qualitätszirkeln um über Fragen der Verbesserung oder Stabilisierung der Qualität zu diskutieren.
- **Wertanalyse**: Die Wertanalyse versucht den Wert eines Produktes aus Sicht des Kunden in Einklang mit den Kosten zu bringen. Sinnvoll bei: a) zu hohen Kosten/Preisen, b) Innovationsmängeln.

Benchmarking

Das **Benchmarking** ist ein System zur Messung bzw. Einordnung a) unseres Unternehmens im externen Vergleich mit dem stärksten Mitbewerber oder b) im internen Vergleich zwischen Abteilungen/Produkten u. zur Beurteilung von Mitarbeitern. Vorteil: Offenlegung von Schwachstellen. Nachteile/Probleme: Beschaffung entsprechender Vergleichsdaten, nur Reaktion statt Aktion.

Typischer Ablauf eines **Benchmarking-Prozess** (oder alternativ wie der Managementkreislauf):

1. Festlegung des zu untersuchenden Aspekts (bspw. Finanzkraft)
2. Auswahl von geeigneten Messgrößen (bspw. Rating, Eigenkapitalquote)
3. Unternehmen zum Vergleich auswählen (bspw. die drei größten Konkurrenten)
4. Datenquellen bestimmen (bspw. Ratingagenturen, Geschäftsberichte)
5. Analyse der Daten
6. Ermittlung von Abweichungen (bspw. schlechteres Rating und niedrigere Eigenkapitalquote) und Ursachenanalyse (bspw. keine Einbettung in eine größere Unternehmensgruppe wie die drei Konkurrenten mit jeweils einer finanzstarken Konzernmutter)

Beispiele interner Kennzahlen

- Zahlungsfähigkeit/Bonität: Liquiditätsgrade I bis III
- Kundenstruktur: Forderungsausfälle
- Betriebsklima: Fluktuations-/Krankheitsquote
- Umsatzstärke der Mitarbeiter: Umsatz je Mitarbeiter

2

Früherkennungssysteme

Mit Hilfe von geeigneten Indikatoren bzw. Kennzahlen sollen zukünftige Probleme/Risiken frühzeitig erkannt werden, um rechtzeitig gegensteuern zu können. Zu den möglichen **Frühindikatoren** zählen:

- Verlust von Marktmacht: Marktanteile, Absatzzahlen
- unzureichende Ablauforganisation: Zunahme an Verbesserungsvorschlägen im Rahmen des KVP
- verschlechterndes Betriebsklima: Krankheits-/Fluktuationsquote
- zunehmender Fachkräftemangel: zunehmende Stellenanzeigen

2.1.4 Externe Informationsquellen

H 2015/S1: A3b, 3 Pt.

Als **externe Informationsquellen** sind Informationen von außerhalb des Unternehmens zu betrachten. Neben dem Internet zählen hierzu Bibliotheken, Messen, Fachtagungen, Forschungsinstitute, Verbände, Kunden, Entwicklungen in Technik, Politik, Umwelt, Fachliteratur. Solche externen Informationen können kostenlos sein (bspw. Broschüren von Verbänden) oder mit erheblichen Kosten verbunden sein (bspw. Auftrag an ein Marktforschungsinstitut).

Beispiele externer Kennzahlen

- Marktanalyse: Marktanteile
- Konkurrenzanalyse: Anzahl der Konkurrenten

Zu den **Problemen der Datenerhebung** müssen gerechnet werden:

- Daten der Konkurrenten/Mitbewerber nicht ermittelbar
- ungeeignete/unzuverlässige Quellen, Aktualität der Daten, Datenschutzaspekte

2.1.5 Informationsspeicherung

Informationen müssen für den späteren Zugriff H 2015/S1: A3c, 3 Pt. gespeichert werden. Es stehen verschiedene Methoden zur Verfügung (vgl. Datenschutz u. Datensicherheit in Kap. 2.1.6):

- Gerade Netzwerke bieten optimale Möglichkeiten der Informationsspeicherung. Das **Internet** ist ein weltweit offenes Netzwerk für die Allgemeinheit. Das **Intranet** steht nur den berechtigten Mitgliedern innerhalb einer Organisation offen. Das **Extranet** ist das Netz einer Organisation, die mit Passwort geschützte exklusive Informationen den Mitgliedern gewährt (bspw. Kunden, Lieferanten, Bürgern).
- **Interne Datenbanken** als Teil des Intranet eines Unternehmens stellen möglichst alle relevanten Informationen den jeweils zugriffsberechtigten Mitarbeitern zur Verfügung. Dabei sind die Zugriffsrechte auf die teilweise sehr sensiblen Daten/Informationen sehr aufwendig zu verwalten.
- **Online-Datenbanken** bieten oft gegen Gebühr und exklusiven Zugang (dann wäre es ein Extranet) Zugriff auf wichtige Informationen (bspw. Rechtsquellen, Marktinformationen).
- In **Online-Foren** können Mitarbeiter Diskussionen verfolgen oder daran teilhaben um Wissen zu erwerben und auch weiterzugeben.
- **Handbücher** sind eine eher traditionelle Form der Informationsspeicherung, bei der die Informationen in geschriebenen Werken mit Inhaltsverzeichnis oder in Form von Lexika gesammelt und zur Verfügung gestellt werden. Inzwischen sind diese weitgehend elektronisch aufbereitet und im Intranet gespeichert. Sie erleichtern bzw. erläutern häufig die Vorgehensweise bei bestimmten Tätigkeiten im Unternehmen.
- **Expertenverzeichnisse** listen die entsprechenden Experten für bestimmte Themen im Unternehmen auf, die bei Bedarf kontaktiert werden können. Ein solches System lebt natürlich von der Bereitschaft zur Informationsweitergabe durch die Experten.

2

2.1.6 Datenschutz und -sicherheit

Es ist zwischen diesen beiden ähnlich klingenden Begriffen zu unterscheiden:

F 2011/S1: A1a-b, 10 Pt.
H 2012/S1: A7a-b, 9 Pt.
H 2015/S1: A3c, 2 Pt.

- **Ziel des Datenschutzes** ist, die sensiblen Daten des Unternehmens sowie die persönlichen Daten der Mitarbeiter, Kunden etc. vor unberechtigtem Zugriff zu schützen. Der einzelne Mensch kann über die Preisgabe seiner persönlichen Daten weitgehend selbst bestimmen (informationelle Selbstbestimmung). Hierfür sind insbesondere Schutzmaßnahmen im Bereich der EDV und der Organisation zu ergreifen. Zu den Maßnahmen zählen:
  - korrekter Umgang mit personenbezogenen Daten
  - insbesondere Berücksichtigung der neuen DS-VGO (Datenschutz-Grundverordnung), die seit dem 25. Mai. 2018 gilt
  - Wahrung von Datengeheimnissen
  - Schutz vor unberechtigtem Zugriff auf die Unternehmensdaten im Falle von Industriespionage oder sonstigen Hackern
  - Schutz gegen Viren, Phishing usw.
  - sinnvoller Einsatz von Passwörtern
- Das **Ziel der Datensicherheit** ist hingegen die Daten vor Datenverlust, -fälschung oder -zerstörung durch geeignete Sicherungsmaßnahmen zu bewahren. Zu den Maßnahmen der Datensicherheit zählen:
  - **organisatorische Datensicherungsmaßnahmen**: regelmäßige Datensicherung durch Backup der Daten, Sicherungsredundanzen, regelmäßiger Zwang der Änderung von Passwörtern
  - **technische Datensicherungsmaßnahmen**: Sicherung in Zweitanlagen, regelmäßige Wartung der EDV-Anlagen, Einsatz von Clouds
  - **softwaremäßige Datensicherungsmaßnahmen**: Zugriffsschutz durch geeignete, erforderliche Passwörter

Der Unterschied zwischen Datenschutz und Datensicherheit zeigt sich bei der Verwendung von *Cloud-Speichern*: Sie erhöhen die Sicherheit vor Datenverlust und damit die Datensicherheit und gleichzeitig gefährden sie den Datenschutz.

Zu den **Gründen der zunehmenden Bedeutung des Datenschutzes** zählen:

- zunehmende Gefahren durch die intensive Nutzung des Internets
- Zunahme staatlicher und privater Überwachungstechniken (bspw. Videoüberwachung und Gesichtserkennungssoftware).
- Finanzielle Transaktionen werden staatlicherseits durch bspw. das Finanzamt zunehmend überwacht.
- zahlreiche IT-Systeme (bspw. Datenserver) werden außerhalb des Rechtsgebiets Deutschlands bzw. der EU betrieben
- Erstellung von Kundenprofilen durch Unternehmen.

2.2 Wissensmanagement (WM)

2.2.1 Ziele, Aufgaben u. Methoden des WM

Ziele/Aufgaben

F 2013/S1: A8a-b, 8 Pt.

- Schaffung einer Wissenskultur im Unternehmen
- Steigerung der Effizienz durch Nutzung des vorhandenen Wissens
- Erfassung des Wissenbestandes
- Wissensbestand zur Verfügung stellen und schützen
- unternehmensinterne und externe Wissensquellen lokalisieren
- Wissen von innen und außen integrieren

Zu den **Methoden** zählen: (1) Kreativitätstechniken zur Erfassung des Wissens, (2) Nutzung diverser interner und externer Informationsquellen und (3) Schaffung einer geeigneten IT-Basis zur Verwaltung des vorhandenen Wissens.

Voraussetzungen der Einführung eines WM

- Schaffung einer einheitlichen Wissenskultur im Unternehmen
- Mitarbeiter von der Bedeutung des WM überzeugen

2.2.2 Explizites vs. implizites Wissen

Formen des Wissens

- Das **individuelle Wissen** ist das Wissen des einzelnen Menschen.
- Sofern individuelles Wissen im Unternehmen auch anderen Mitarbeitern zur Verfügung gestellt und somit in der Organisation gespeichert wird, spricht man von **strukturellem Wissen**.
- Das in mündlicher oder schriftlicher Form formulierbare und reproduzierbare Wissen wird als **explizites Wissen** bezeichnet. Der Wissende kann sein Wissen mündlich oder schriftlich weitergeben oder in eine Wissensdatenbank eingeben. Der Wissenstransfer ist bei explizitem Wissen relativ einfach.
- Beim **impliziten Wissen** handelt es sich um die Erfahrungen, Erkenntnisse und intuitiven Verhaltensweisen von Menschen, die sich nicht so einfach mündlich oder schriftlich ausdrücken lassen. Damit ist auch der Wissenstransfer sehr schwierig. Trotzdem ist es möglich, aber halt sehr aufwendig. Dies zeigt sich bspw. bei einem Handwerker, der seinem Lehrling Handgriffe/Arbeitsschritte zeigt, ohne sie beschreiben zu können oder beim Buchhalter, der seinem Schützling die Eingabe von komplizierten Buchungssätzen zeigt.
- Manchmal werden auch das **undokumentierte Wissen** als implizites Wissen (der Mitarbeiter im Gehirn) und das **dokumentierte Wissen** als explizites Wissen bezeichnet.

2.2.3 Wissensaufbereitung

F 2017/S1: A5a-b, 4 Pt.

Zu den Methoden, Wissen für die spätere Nutzung aufzubereiten, zählen:

- **Methoden der Datenanalyse** u. **statistische Verfahren**
- **Visualisierung mit IT-Tools** bspw. durch **Diagramme** stellt ein wichtiges Element zur Verdeutlichung von Zahlen dar. Wichtig:
  - **Größe**: Diagramme sollten ausreichend groß sein.
  - **Beschriftung**: Diagramme sollten vollständig beschriftet sein.
- Es gibt verschiedene **Diagrammtypen**. Je nach Aussage/Thematik sind bestimmte Diagrammtypen auszuwählen:
  - **Liniendiagramme** für die zeitliche Entwicklung von Zahlen (bspw. Umsatzentwicklung).
  - **Säulendiagramme** (stehende Rechtecke) für unterscheidbare Werte (bspw. Mitarbeitervergleich einzelner Abteilungen). **Balkendiagramme** (liegende Rechtecke übereinander gestapelt) haben die gleiche Anwendung wie Säulendiagramme.
  - **Kreisdiagramme** für eine Grundgesamtheit und deren Aufteilung (bspw. Umsatzanteile einzelner Produkte). Leider werden von Laien zu häufig Kreisdiagramme falsch eingesetzt (bspw. bei einer zeitlichen Entwicklung).

2.2.4 Wissensträger und -verteilung

Instrumente des Wissensmanagements

H 2017/S1: A3, 12 Pt.

Für ein erfolgreiches Wissensmanagement werden die folgenden Instrumente genutzt (anschließende Erläuterung):

- **Wissensdatenbank** bzw. **Data-Warehouse**
- **Lastenheft** und **Pflichtenheft**

- **Dokumentenmanagementsystem** und papierloses Büro
- **Sonstige Instrumente**: Bildung von Netzwerken (Internet, Intranet, Extranet), Workshops und Mentorensysteme

Wissensdatenbank

Das Wissen in Unternehmen sollte gespeichert werden. Hierfür werden Wissensdatenbanken verwendet. Im Bereich der Informationstechnologie wird gerne der Begriff **Data-Warehouse** benutzt. In diesen soll das Wissen so wie in einem Kaufhaus gespeichert sein, so dass der Mitarbeiter bei Bedarf auf die für ihn wichtigen Daten zugreifen kann.

Zu den **Vorteilen der Einführung von Wissensdatenbanken** zählen:

- schneller Zugriff auf relevante Informationen
- Wissen geht bei ausscheidenden Mitarbeitern (Rente, Tod, Kündigung usw.) nicht verloren – »das Wissen wird nicht in Rente geschickt«
- einfachere Einarbeitung von neuen Mitarbeitern
- einheitlichere Entscheidungen und Arbeitsweisen, dadurch steigt die Prozessqualität
- zielgerichtete Nutzung von Wissen anderer Mitarbeiter
- Vernetzung des Wissens

Lastenheft und Pflichtenheft

Sofern ein Leistungserbringer (bspw. ein Lieferant) F 2015/S1: A2c, 3 Pt. einem Unternehmer eine Leistung erbringen soll, werden die folgenden beiden Begriffe unterschieden:

- In einem **Lastenheft** werden die Anforderungen an die zu erbringende Leistung aus Sicht des Unternehmers definiert.
- Im **Pflichtenheft** steht, wie der Leistungserbringer die Leistungen gemäß Lastenheft umsetzen will.

Zu den **Inhalten eines Lastenheftes** (und damit indirekt auch eines Pflichtenheftes zählen):

- zwingend einzuhaltende Anforderungen (**Musskriterien**)
- zusätzlich gewünschte Anforderungen (**Sollkriterien**)
- zusätzlich mögliche Anforderungen (**Kannkriterien**)
- technische Rahmenbedingungen der Leistung (bspw. notwendige EDV-Ausstattung)
- vertragliche/rechtliche Rahmenbedingungen der Leistung (bspw. Garantie und Rücktrittsmöglichkeiten vom Vertrag)
- Anforderungen an Roh-, Hilfs- und Betriebsstoffen sowie Fertigprodukten

Dokumentenmanagementsystem

In einem Dokumentenmanagementsystem werden Dokumente zentral gespeichert und es kann von Mitarbeitern mit entsprechenden Zugriffsrechten darauf zugegriffen werden. Dabei kann die Erstellung/Digitalisierung, Archivierung, Suche und Weiterleitung von Dokumenten einfach, schnell und kostengünstig erfolgen.

Zu den **Zielsetzungen der Einführung von Dokumentenmanagementsystemen** zählen:

- Es werden dic **Kosten** gesenkt gegenüber einer analogen Archivierung (bspw. Raum- und Personalkosten). Dem stehen die Kosten des Dokumentenmanagementsystems gegenüber, die aber regelmäßig geringer sein dürften.
- Die **Zugriffszeiten** auf die Dokumente verringern sich erheblich bzw. sind Zugriffe u. U. erst dadurch möglich (wenn es sich um weit entfernte Standorte handelt).
- Es wird eine **einheitliche Archivierung** im gesamten Unternehmen möglich. Dies erleichtert die Suche bestimmter Dokumente.

2

Sonstige Instrumente

- Die verschiedenen computerbasierten Netzwerke dienen ebenfalls dem Wissensmanagement. Der Zugriff auf das allgemeine **Internet** ist eine wichtige betriebsexterne Wissensquelle. Wissensdatenbanken werden im betriebsinternen **Intranet** gespeichert. Wissen zwischen Externen (bspw. Lieferanten und Kunden) und dem eigenen Unternehmen kann im **Extranet** gespeichert werden.
- In **Workshops** kann das Wissen zwischen den Mitarbeitern eines Unternehmens oder mehrerer Unternehmen vermittelt und ausgetauscht werden.
- **Mentorensysteme** sind darauf angelegt, das (explizite aber auch gerade das implizite) Wissen erfahrener (bzw. älterer) Mitarbeiter an die nachfolgende jüngere Generation weiterzureichen.
- **Wissenszirkel**: In regelmäßigen Sitzungen wird das Wissen von Mitarbeitern ausgetauscht und in Systemen gespeichert.

Wissensbilanz

H 2013/S1: A8a-c, 10 Pt.

Eine **Wissensbilanz** dient zur Darstellung des Standes u. der Entwicklung des intellektuellen Kapitals eines Unternehmens.

- **Ziele**: a) Darlegung der Bedeutung des Wissens, b) Basis für strategische Planungen
- **Humankapital**: Zusammenfassung des gesamten Wissens, Know-hows, Fähigkeiten, Fertigkeiten der Mitarbeiter.
- **Strukturkapital**: Alle Rahmenbedingungen in technischer und organisatorischer Hinsicht für Mitarbeiter.
- **Beziehungskapital**: Alle Beziehungen zu Kunden, Lieferanten, Banken, Anteilseignern, Staat und Öffentlichkeit.
- **Kritik** an Wissensbilanzen: (1) keine objektive Erfassung, (2) keine Messung/Gewichtung in Geldeinheiten möglich und (3) Aufwand kann relativ hoch sein

3

3 Zusammenhang UE und WM

3.1 Wissenstransfer und -nutzung

Ziele und Teilbereiche des Transfermanagements

H 2014/S1: A3a-c, 14 Pt.

Ziel des Transfermanagements ist die Übertragung von Wissen. Dabei können folgende **Teilbereiche** unterschieden werden:

- **zeitlicher Transfer** von heute in die Zukunft: Heutiges Wissen wird für zukünftige Situationen gespeichert und bei Bedarf zur Verfügung gestellt.
- **personeller Transfer** von einem Mitarbeiter zu einem anderen: Neben der Speicherung von Daten/Informationen/Wissen und der späteren Nutzung durch die gleichen Personen, ist natürlich auch der Transfer relevanten Wissens an diejenigen zu sichern, die es innerhalb des Unternehmens benötigen könnten.
- **funktionaler Transfer** auf andere Fachbereiche: Wissen wird von einer Abteilung einer anderen Abteilung zur Verfügung gestellt. Die Beschaffung benötigt bspw. Informationen aus dem Lager.
- **organisatorischer Transfer** zwischen den Gesellschaften eines Konzerns: Forschungsfortschritte werden bspw. Schwestergesellschaften zur Verfügung gestellt.

Instrumente des Wissenstransfers

H 2012/S1: A5c, 4 Pt.
F 2015/S1: A4c, 4 Pt.
F 2018/S1: A8a-b, 18 Pt.

Hierzu dienen u. a. die folgenden Instrumente (vgl. Kapitel 2.1.5 zur Informationsspeicherung):

- In **Online-Foren** können Mitarbeiter Diskussionen verfolgen oder daran teilhaben um Wissen zu erwerben und auch weiterzugeben.
- Ein **Blog** ist eine in Form eines Tagebuchs geführte öffentlich zugängliche Webseite, bei der regelmäßig neue Einträge (Kommenta-

re, Anmerkungen, Erläuterungen) zu bestimmten Themen erfolgen. *Nachteilig* ist die extrem subjektive Sichtweise der Einträge.

- Regelmäßig auftauchende Fragen zu bestimmten Themen können in einer Online im Intranet geführten Liste erläutert werden. Diese Form wird auch als **Frequently Asked Questions/FAQ** (häufig gestellte Fragen) bezeichnet.

- Mittels **Podcasts** werden Audio-Dateien im Inter- oder Intranet zur Verfügung gestellt, bei denen bestimmte Themen akustisch besprochen/erläutert werden. **Vodcast** (Video-Podcasts) sind entsprechende Kurz-Videos zur Erläuterung bestimmter Sachverhalte.

- In **Unternehmenszeitungen** werden auch interessante Informationen für alle verbreitet. Dabei handelt es sich um wenig brisante Daten, da sie allgemein zur Verfügung gestellt werden.

- **Handbücher** sind eine eher traditionelle Form der Informationsspeicherung, bei der die Informationen in geschriebenen Werken mit Inhaltsverzeichnis oder in Form von Lexika gesammelt und zur Verfügung gestellt werden. Inzwischen sind diese weitgehend elektronisch aufbereitet und im Intranet gespeichert. Sie erleichtern oder erläutern häufig die Vorgehensweise bei bestimmten Tätigkeiten im Unternehmen.

- Eine ähnliche Funktion besitzen **Checklisten**. Hier werden die notwendigen Arbeitsschritte bestimmter Tätigkeiten aufgelistet oder in komplexeren Darstellungsformen vermittelt (bspw. Ablauf-, Flussdiagramme). **Entscheidungsbäume** zeigen Entscheidungswege bei komplexeren Abläufen auf.

- Ideen von Mitarbeitern könnten durch ein sinnvolles **Ideenmanagement** bspw. im Intranet auch anderen Mitarbeitern zur Verfügung gestellt werden.

- Erfahrungen aus bspw. vergangenen Projekten sollten gesammelt werden, um zukünftig gleiche Fehler zu vermeiden und effizienter arbeiten zu können. Diese »gewonnenen Erkenntnisse«, auf englisch **Lessons Learned**, sollten schriftliche erfasst und im Rahmen des Wissensmanagements möglichen Interessenten im Intranet zur Verfügung gestellt werden.

- **Best Practice Sharing**: Sofern jemand Prozesse besser, schneller, schlauer gestaltet, sollten diese Erkenntnisse übernommen werden – ob innerhalb des Unternehmens von anderen Abteilungen/Sparten oder von fremden Unternehmen. Mit Hilfe der **Stärken-Schwächen-Analyse** oder des **Benchmarkings** können eigene Schwächen und fremde Stärken ermittelt werden, um diese zu übernehmen.

- In Zukunft wird die Bedeutung des **E-Learnings** zunehmen. Darunter versteht man alle Formen des elektronisch unterstützten Lernens. Hierfür werden digitale Medien für Präsentationen und die Verbreitung des Wissens genutzt. Dabei muss es nicht bei rein elektronischen Medien bleiben. Diese können auch als Ergänzung zu traditionellen Formen dienen. So werden zukünftig weiterhin Seminare vor Ort durchgeführt. Die Festigung des Wissens kann aber Online erfolgen (**Blended Learning**).

- In **Präsenzschulungen** wird das Wissen durch den persönlichen Kontakt mit internen oder externen Referenten vermittelt. Hier können auch Verständnisfragen gestellt werden.

Instrumente des E-Learnings

H **2012/S1: A5a**, 10 Pt.
F **2015/S1: A4a**, 5 Pt.

- **Autorentools** ermöglichen die Erstellung von digitalen Lerninhalten. Auch ohne Programmierkenntnisse können Autoren Wort, Bild, Video und Audiotracks zu Lernmedien kombinieren. Somit können sich Fachautoren ganz auf ihre jeweilige Fachkompetenz konzentrieren.

- In **Learning Communities** können sich diejenigen, die das gleiche Lernwissen aneignen möchten, zusammenschließen und austauschen. Jeder kann dabei sein Spezialwissen zum Nutzen der anderen Mitglieder einbringen und profitiert vom Input der anderen Teilnehmer. Als Medien können Lernplattformen oder auch einfach Gruppen in sozialen Medien dienen.

3

- **Lernplattformen (Learning-Management-Systeme/LMS)** stellen ein EDV-basiertes System der Bereitstellung von Informationen und der Kommunikation zwischen Lernenden und Lehrenden (auch jeweils untereinander) dar. In vielen Hochschulen und Akademien wird hier bspw. die Softwarelösung *Moodle* eingesetzt.
- **Blended Learning** steht für eine Kombination aus E-Learning und traditionellem Präsenzunterricht. Damit kann für gewöhnlich der Stundenumfang der Präsenzunterrichtsphasen enorm gesenkt werden. Es erfordert jedoch deutlich mehr Lerndisziplin die E-Learning-Module auch zu bearbeiten.
- **Tutoren** sind erfahrene/ältere Lernende, die neue Teilnehmer mit betreuen und wichtige (organisatorische/fachliche) Informationen vermitteln. In Schulen/Hochschulen ist das System weit verbreitet.

Vor-/Nachteile des E-Learnings

H 2012/S1: A5b, 4 Pt.
F 2015/S1: A4b, 4 Pt.

Zu den **Vorteilen des E-Learnings** zählen:

- Es kann unabhängig von Raum und Zeit gelernt werden.
- Die Lerninhalte können unbegrenzt wiederholt und vertieft werden (im Gegensatz zu einem Präsenzunterricht).
- Jeder kann sein individuelles Lerntempo einhalten.
- Lerninhalte können interaktiv gestaltet werden (bspw. durch Fragen/Antwort-Tools mit statistischen Auswertungen).
- Es kann zeitgenau (bspw. vor einer Prüfung) gelernt werden und nicht dann, wann halt gerade ein Seminar stattfindet.

Zu den **Nachteilen des E-Learnings** zählen:

- Es erfordert eine größere Eigendisziplin selbständig bspw. zuhause zu lernen.
- Das Arbeiten an Bildschirmen ermüdet schnell.

- Der Lernende bedarf eines guten Zeitmanagements.
- Lerneinheiten könnten vielfältig gestaltet sein, sind es oft nicht.
- Die Erfahrung lehrt, dass zumindest momentan noch nicht alle Menschen geeignet für E-Learning-Methoden sind. Allenfalls als Ergänzung in Form des Blended Learning kann es sinnvoll sein. Gefahr hierbei ist, dass nicht alle den gleichen Stand der Vorbereitung in den Präsenzphasen haben und diese dann ausgebremst werden.

3.2 Grenzen des Wissensmanagements

Die Grenzen des WM sind durch folgende Faktoren bestimmt:

- Kosten der Installation und laufende Kosten
- finanzielle Ressourcen
- personelle Ressourcen
- geeignete IT-Ausstattung
- Bereitschaft der Mitarbeiter zur aktiven Teilnahme am WM
- genügend Unterstützung im Management

3.3 Transfer von Wissensmanagement

Ein funktionierendes Wissensmanagement kann bspw. in den folgenden Bereichen genutzt werden:

- Personalentwicklung
- Organisationsentwicklung
- Technologie und Produktion: z. B. neue Fertigungsverfahren, neue Materialien
- Finanzmanagement

3

3.4 Integrative Managementsysteme

Zunächst muss hier unterschieden werden:

F 2012/S1: A8a-c, 9 Pt.
H 2014/S1: A2a-c, 11 Pt.

- Ganz allgemein sind **Management-Informationssysteme** (MIS) EDV-basierte Informationssysteme für das Management. Dabei werden aus den unzähligen Informationen die für die Entscheidungsträger wesentlichen Informationen zusammengefasst, ausgewertet und aufbereitet. Häufig handelt es sich um regelmäßige Berichte (täglich, wöchentlich usw.).

- Demgegenüber beziehen sich **operative Informationssysteme** nur auf einen bestimmten Teilbereich (bspw. Beschaffung, Lagerhaltung, Finanzen usw.). Zudem sind sie detaillierter und stellen den betreffenden Mitarbeitern (nicht unbedingt Manager) die wesentlichen Informationen bereit. In modernen Systemen werden die Teilsysteme integriert (bspw. SAP).

- Ein Management-Informationssystem greift auf die Daten operativer Informationssysteme zu, bereitet die Daten auf und stellt sie den betreffenden Managern oft grafisch zu Verfügung.

- Beim **integrativen Management** bestehen die einzelnen Managementsysteme weiterhin nebeneinander und werden durch eine gemeinsame EDV-Plattform verknüpft. Der Datenaustausch wird vereinfacht und erleichtert die Verwaltung (bspw. bei den verschiedenen Modulen von Unternehmenssoftwaresystemen).

- Demgegenüber ist das »**Integrierte Managementsystem (IMS)**« eine Zusammenfassung aller ursprünglich getrennten Teilsysteme des Managements zu einem einheitlichen und ganzheitlichen System. Dabei bildet die Basis für gewöhnlich das Qualitätsmanagement mit der Norm ISO 9004. Diese dient zum Managementdesign und orientiert sich am Total-Quality-Management.

3.4.1 Managementregelkreis

Die in Kapitel 1 gewählte dreistufige Vorgehensweise (Ziele, Lage, Unternehmensführung) ist ein Teil des Managementkreislaufs.

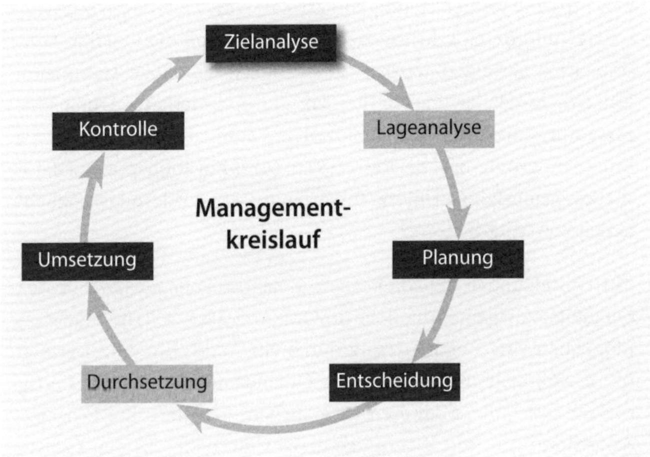

3.4.2 Qualitätsmanagementsysteme

F 2014/S1: A6a-b, 5 Pt.
F 2016/S1: A1a-b, 6 Pt.
F 2017/S1: A4a-b, 5 Pt.
H 2017/S1: A4a-b, 5 Pt.

- Es steht für alle organisatorischen Maßnahmen, die zur Verbesserung der Qualität der Prozesse, der Leistungen/der Produkte dienen.
- **Ziele** sind u. a. die Steigerung der Kundenzufriedenheit und der Wettbewerbsfähigkeit.
- Zu den **Bereichen des Qualitätsmanagements** zählen:
  - Qualitätsplanung
  - Qualitätssteuerung
  - Qualitätssicherung
  - Kontinuierlicher Verbesserungsprozess (KVP)
  - Dokumentation durch bspw. Qualitätsmanagementhandbuch

- Zur **Qualitätssicherung** dient auch die Orientierung am **PDCA-Zyklus** oder **Demingkreis**: (1) **Plan** (Planung), (2) **Do** (Umsetzung), (3) **Check** (Kontrolle, Analyse) und (4) **Act** (Bewertung).

- **KVP** (= **Kontinuierlicher Verbesserungsprozess**): Die vorhandenen Prozesse werden ständig hinterfragt. Durch Verbesserungsvorschläge und deren schrittweisen Umsetzung soll die Qualität kontinuierlich gesteigert werden (ursprünglich aus Japan stammend: Kaizen). Mögliche Fragen/Themen: (1) optimierbare Arbeitsprozesse mit reduzierten Durchlaufzeiten, (2) nutzbare Synergien, (3) Einsparungspotenzial bei Ressourcen, (4) Innovationspotenzial, (5) verbesserungsfähige Unternehmenskultur, (6) Förderungsmöglichkeiten von Mitarbeitern.

- Zur Umsetzung des Qualitätsmanagements dienen auch die beiden Qualitätsmanagementmodelle EFQM und ISO 9001ff. Beide ermöglichen eine **Zertifizierung** durch ein Audit. Ein **Audit** erfolgt für gewöhnlich im Rahmen des Qualitätsmanagements. Hierfür speziell geschulte Auditoren untersuchen, inwiefern die Prozesse, Anforderungen und Richtlinien eines Unternehmens den (selbst) gestellten Standards entsprechen.

- **Aufgaben**: (1) Analyse von Fehlerursachen, (2) deren Vermeidung/ Reduzierung, (3) Dokumentation aller Prozesse, (4) gleichbleibende Produktqualität sichern.

3.4.3 Umweltmanagementsysteme

F 2014/S1: A6a, 3 Pt.
H 2015/S1: A4, 4 Pt.
F 2016/S1: A1a, 2 Pt.
H 2016/S1: A9, 2 Pt.
F 2017/S1: A4a, 2 Pt.

- Hier steht das **Ziel der Nachhaltigkeit** des unternehmerischen Handelns im Vordergrund. Nachhaltig ist ein Verhalten dann, wenn es die Ressourcen nur insoweit nutzt, als hiervon zukünftige Generationen nicht negativ beeinträchtigt werden. Zudem ist der Aufbau eines umweltorientierten Images wichtig, das auch durch Umweltsiegel verbessert werden kann. Dabei sollten auch die jeweiligen gesetzlichen Regelungen eingehalten werden.

- Umweltmanagementsysteme beziehen sich auf alle umweltbezogenen Aktivitäten des Unternehmens. Zu den **Schwerpunkten** zählen bspw. Energieeinsparung, Rohstoffverbrauch reduzieren, Verpackungen/Wasser aufbereiten, Emissionen reduzieren.

- **Grundsätze des Umweltmanagements**: (1) **Vorsorgeprinzip**: Verhinderung von umweltschädlichem Verhalten, (2) **Verursacherprinzip**: Kosten trägt der Verursacher der Umweltschädigung; wirkt nicht, wenn der Verursacher nicht ermittelbar ist oder Altlasten zu stemmen sind (dann trägt die Allgemeinheit die Kosten), (3) **Kooperationsprinzip**: Zusammenarbeit von Unternehmen, Staat und Gemeinden zum Umweltschutz.

- Zur Erreichung des Ziels einer nachhaltigen Unternehmenspolitik dient ein zertifiziertes Umweltmanagementsystem nach EMAS oder ISO 14001. **EMAS** = Eco Management and Audit Scheme bzw. EU-Öko-Audit. Dies ist eine von der EU entwickelte Zertifizierung des Umweltmanagements von Unternehmen.

- **Vorteile**: Imagegewinn, Kosten durch geringeren Verbrauch verringern, Wettbewerbsvorteile erlangen usw.

- **Nachteile**: Kosten der Einführung der Systeme, Überwachungskosten der installierten Systeme, Schulungskosten der Mitarbeiter.

- In **Ökobilanzen** werden die ökologischen/umweltbezogenen Auswirkungen eines Produktes, mehrer Produkte, einer Produktionsstätte oder eines ganzen Unternehmens erfasst. Es werden dabei der Rohstoffverbrauch, die Umweltbelastung durch Emission von Schadstoffen in Luft, Wasser und Böden sowie Lärm berücksichtigt. Dabei können die Ergebnisse von Ökobilanzen mittels einer Prozessoptimierung für eine nachhaltige Produktion genutzt werden.

- Der Begriff Bilanz ergibt sich hier aufgrund der Tatsache, dass der Input gleich dem (ggf. verarbeiteten) Output sein muss. Eingehende Rohstoffe gehen in Produkte ein oder werden entsorgt.

3

3.4.4 Arbeitsschutzsystem/Sicherheitsmanagement

F 2014/S1: A6a, 3 Pt.
F 2016/S1: A1a, 2 Pt.
H 2016/S1: A9, 2 Pt.
H 2017/S1: A4a, 2 Pt.

- **Ziele** sind die Vermeidung von Arbeitsunfällen und der Schutz der Gesundheit aller Beschäftigten.
- Dazu dienen bspw. Gefahrgutbeauftragte, Unfallverhütungsvorschriften, Maßnahmen zum Brandschutz, Schulungen/Unterweisungen der Mitarbeiter in Arbeitsschutz und Arbeitssicherheit.
- Zum Sicherheitsmanagement könnten auch der Datenschutz sowie die Datensicherheit gerechnet werden (vgl. Kapitel 2.1.6).

Anhang A: Fragen/Aufgaben zur Prüfungssimulation

A

Fallstudie bzw. Ausgangssituation zu allen Aufgaben:

Die *KempELEK GmbH* ist ein innovativer Hersteller von hochwertigen elektronischen Komponenten in Kempten/Allgäu. Das Unternehmen strebt nach hoher Produkt- und Prozessqualität und wurde 1995 von zwei Ingenieuren der Elektrotechnik gegründet:

- Zu den Kunden zählen zahlreiche mittelständische Automobilzulieferer im In- und Ausland.
- Insgesamt hat das Unternehmen 450 Mitarbeiter (davon 35 Vertriebsmitarbeiter im Ausland).
- Es zeigen sich folgende **Probleme**:
    - Die Kunden wünschen einerseits immer schnellere Produktzyklen und andererseits spezifischer auf die Kundenwünsche zugeschnittene Produkte. Folglich sind zahlreiche, unterschiedliche und eher kurze Projekte zu realisieren.
    - In jüngster Zeit nimmt die Konkurrenz aus Ostasien zu, die einige Produkte weitgehend kopiert, jedoch günstiger produzieren kann. Zur Sicherung der Wettbewerbsfähigkeit ist ein organisatorischer Wandel notwendig.
- **Lösungsansätze**:
    - Zu diesem Zweck soll ein professionelles Projektmanagement eingeführt werden.
    - Zudem soll dem Wissen eine größere Aufmerksamkeit geschenkt werden. Ein professionelles Informations- und Wissensmanagement erscheint unausweichlich, um mit der modernen Konkurrenz in Ostasien Schritt halten zu können.

A

Prüfungssimulation 1 (insgesamt 40 Punkte)

1. Die zunehmenden Probleme beim Absatz im Wachstumsmarkt in Ostasien führen auch bei den beiden Geschäftsführern zu einem Umdenken. Sie werden als Projektleiter mit der Aufgabe betraut, ein neues Unternehmensleitbild auszuarbeiten. **(Σ = 10 Punkte)**

   a) Erläutern Sie jeweils zwei Chancen und zwei Gefahren, die sich aus einem *Unternehmensleitbild* ergeben könnten. **(4 Pt.)**

   b) Formulieren Sie drei mögliche *Leitsätze* eines Unternehmensleitbildes für die *KempELEK GmbH.* **(3 Pt.)**

   c) Leiten Sie für die *KempELEK GmbH* drei *konkrete Ziele* aus dem Unternehmensleitbild ab. **(3 Pt.)**

2. Ein professionelleres Projektmanagement setzt an den Grundlagen an. Zu diesem Zweck werden alle Aspekte des bisherigen Projektmanagements hinterfragt. **(Σ = 12 Punkte)**

   a) Beschreiben Sie vier *Merkmale eines Projektes.* **(4 Pt.)**

   b) Im Rahmen des Projektmanagements stellt sich insbesondere die Frage nach der geeigneten Projektorganisationsform. Beschreiben Sie zwei Formen und wählen Sie die Ihrer Meinung nach geeignetste Form aus. Begründen Sie Ihre Entscheidung. **(8 Pt.)**

3. In der *KempELEK GmbH* wird nach Meinung der beiden Geschäftsführer zu viel Wissen der verschiedenen Abteilungen nicht weitergereicht und entsprechend genutzt. Daher sollen ein Wissensmanagementsystem und zugleich ein digitales Dokumentenmanagementsystem installiert werden. **(Σ = 10 Punkte)**

   a) Beschreiben Sie vier grundsätzliche Vorteile der Einführung von *Wissensdatenbanken.* **(4 Pt.)**

   b) Erläutern Sie die grundlegende Anwendung und die Zielsetzung eines *Dokumentenmanagementsystems.* **(4 Pt.)**

   c) Beschreiben Sie zwei *interne Informationsquellen.* **(2 Pt.)**

4. Die Personalentwicklung ist von großer Bedeutung. **(Σ = 8 Punkte)**

   a) Erläutern Sie jeweils zwei *Ziele der Personalentwicklung* aus Sicht der Unternehmensleitung und der Mitarbeiter. **(4 Pt.)**

   b) Nennen Sie jeweils zwei Vor- und Nachteile der beiden folgenden Formen der innerbetrieblichen Förderung: *Job-Rotation* und *Job-Enlargement*. **(4 Pt.)**

Prüfungssimulation 2 (insgesamt 40 Punkte)

5. Die ostasiatische Konkurrenz sowie unsere zunehmend anspruchsvolle Kundschaft erfordern ein großes Maß an organisatorischer Flexibilität. **(Σ = 10 Punkte)**

   a) Beschreiben Sie zwei *interne Gründe*, die einen Organisationswandel auslösen könnten. **(4 Pt.)**

   b) Erläutern Sie das Konzept der *Lernenden Organisation*. **(2 Pt.)**

   c) Beschreiben Sie zwei passende Instrumente einer *Lernenden Organisation*. **(4 Pt.)**

6. Damit die Mitarbeiter aktiv Teil einer Lernenden Organisation werden können, sollen verschiedene Formen des E-Learnings zum Einsatz kommen. **(Σ = 10 Punkte)**

   a) Erläutern Sie die beiden Begriffe *E-Learning* und *Blended Learning*. **(4 Pt.)**

   b) Stellen Sie jeweils zwei Vor- und zwei Nachteile des *E-Learnings* vor. **(4 Pt.)**

   c) Beschreiben Sie in diesem Zusammenhang den Begriff *Autorentool*. **(2 Pt.)**

A

7. Die weiter zunehmende Bedeutung der Informationstechnologie in unserem Unternehmen zwingt auch verstärkt zu weiteren Maßnahmen des Datenschutzes und der Datensicherheit. **(Σ = 12 Punkte)**

   a) Grenzen Sie die beiden wichtigen Begriffe *Datenschutz* und *Datensicherheit* voneinander ab. Gehen Sie dabei auf die jeweiligen Ziele ein. **(4 Pt.)**

   b) Beschreiben Sie jeweils zwei *Maßnahmen* des Datenschutzes und der Datensicherheit. **(8 Pt.)**

8. Ein weiterer Baustein zur langfristigen Sicherung unserer Wettbewerbsfähigkeit ist der Ausbau der Integrierten Managementsysteme (IMS). **(Σ = 8 Punkte)**

   a) Erläutern Sie zwei Bereiche eines *Integrierten Managementsysteme (IMS)* und gehen Sie dabei jeweils auf 2 Bestandteile dieser ein. **(4 Pt.)**

   b) Beschreiben Sie vier Möglichkeiten der *Prozessoptimierung* der *KempELEK GmbH.* **(4 Pt.)**

B

Anhang B: Lösungen zu den Aufgaben

Prüfungssimulation 1 (insgesamt 40 Punkte)

1. RSP 8.1.1 (Kap. 1.1) **(10 Punkte)**

a) Zu den Chancen zählen: (1) zunehmende Identifikation der Mitarbeiter mit dem Unternehmen, (2) steigendes Image, (3) Abgrenzung von Konkurrenten möglich. Gefahren: (1) unrealistisch, (2) dadurch demotivierend, (3) unglaubwürdig.

b) Mögliche Leitsätze könnten sein:

- Wir bieten unseren Kunden die innovativste Technologie am Markt an.
- Der Kunde mit seinem Qualitätsverständnis steht im Zentrum unseres Strebens.
- Es wird eine offene Führungskultur angestrebt. Jeder kann Ideen und Vorschläge einbringen.
- Ziel der Unternehmensleitung ist auch ein angenehmes und förderliches Betriebsklima für alle zu schaffen.

c) Zu den konkreten Zielen könnten zählen:

- Zur Sicherung der Technologieführerschaft werden jährlich 5 % des Umsatzes in Forschung und Entwicklung investiert.
- Es muss eine engere Zusammenarbeit zwischen der Fertigung und der Schnittstelle zu den Kunden – den Außendienstmitarbeitern stattfinden.
- Installation eines betrieblichen Vorschlagswesens.
- Wir minimieren die Fehler in der Fertigung durch Einführung eines konsequenten Qualitätsmanagements.

B

2. RSP 8.1.6 (Kap. 1.6) **(12 Punkte)**

a) Zu den Merkmalen zählen:

- klares Ziel bzw. Aufgabe
- einmaliger Vorgang, Neuartigkeit
- zeitliche Befristung (häufig fester Anfangs- und Endzeitpunkt)
- vorgegebene Mittel (bspw. in Form eines Budgets)
- untypische Tätigkeit (entspricht nicht dem Tagesgeschäft)

b) Mögliche Projektorganisationsformen sind:

- Bei der *Stablinien-Projektorganisation* werden die Projektleiter in Form von Stabsstellen in die Aufbauorganisation integriert. Da diese nur eine beratende Funktion besitzen, haben sie kein disziplinarisches Weisungsrecht gegenüber den Projektmitgliedern, die sich aus unterschiedlichen Abteilungen zusammensetzen. Sie ist typisch für Unternehmen mit nur wenigen Projekten.
- Sofern in einem Unternehmen ständig parallel ablaufende Projektgruppen zu bilden sind (Multiprojektmanagement), empfiehlt sich die *Matrix-Projektorganisation*. Die Projektleiter werden horizontal in der Matrixorganisation den vertikalen Linienleitern gleichgestellt. Somit muss eine Abstimmung zwischen den Linien- und Projektleitern hinsichtlich des Einsatzes der Mitarbeiter erfolgen.
- Sofern der volle Einsatz der Mitarbeiter erforderlich ist, kann eine *reine Projektorganisation* (autonome Projekte) gewählt werden. In dieser werden die Projekte in Linie (wie Abteilungen) in die Aufbauorganisation integriert – sinnvoll bei umfangreichen/langfristigen Projekten.
- Aufgrund der in der Situationsbeschreibung dargestellten Situation der zahlreichen und kurzfristigen Projekte dürfte die *Matrix-Projektorganisation* vorzuziehen sein.

3. RSP 8.2.2 (Kap. 2.2) **(10 Punkte)**

a) Vorteile der Einführung von Wissensdatenbanken:

- schneller Zugriff auf relevante Informationen
- einfachere Einarbeitung für neue Mitarbeiter
- zielgerichtete Nutzung von Wissen anderer Mitarbeiter
- Vernetzung des Wissens

b) Anwendungsbereich von Dokumentenmanagementsystemen:

- In einem Dokumentenmanagementsystem werden Dokumenten zentral gespeichert und es kann von Mitarbeitern mit entsprechenden Zugriffsrechten darauf zugegriffen werden.
- Dabei kann die Erstellung/Digitalisierung, Archivierung, Suche und Weiterleitung von Dokumenten einfach, schnell und kostengünstig erfolgen.

Zielsetzungen der Einführung von Dokumentenmanagementsystemen:

- Es werden die Kosten gesenkt gegenüber einer analogen Archivierung (bspw. Raum- und Personalkosten). Dem stehen die Kosten des Dokumentenmanagementsystems gegenüber, die aber regelmäßig geringer sein dürften.
- Die Zugriffszeiten auf die Dokumente verringern sich erheblich bzw. sind Zugriffe u. U. erst dadurch möglich (wenn es sich um weit entfernte Standorte handelt).
- Es wird eine einheitliche Archivierung im gesamten Unternehmen möglich, dies erleichtert die Suche bestimmter Dokumente.

c) Die internen Informationsquellen stellen Informationen aus dem Unternehmen selbst zur Verfügung. Hier wären bspw. das Warenwirtschaftssystem, Management-Informationssysteme, Unternehmenssoftware und allgemeine Betriebsstatistiken zu nennen.

B

4. RSP 8.1.5 (Kap. 1.5) **(8 Punkte)**

a) Zu den Zielen der PE aus Sicht der Unternehmensleitung zählen: (1) Die Ausrichtung der Qualifizierung der Mitarbeiter an den aktuellen und prognostizierten betrieblichen Erfordernissen. (2) Ein höheres Qualifizierungsniveau der Mitarbeiter erhalten. (3) Die Fluktuationsrate senken/niedrig halten. (4) Erhöhung der Motivation der Mitarbeiter. Ziele der Mitarbeiter wären hingegen: bessere Karrierechancen, bessere Chancen am Arbeitsmarkt und neue, interessantere Tätigkeiten

b) Job-Rotation: Als Vorteil gilt die höhere Motivation und Leistungsbereitschaft sowie die steigende Flexibilität und Übersicht der Mitarbeiter. Nachteilig sind die Einarbeitungszeit und deren Kosten sowie die entstehende Unruhe im Unternehmen.

   Job-Enlargement: Vorteil: Motivation und Leistungsbereitschaft, besserer Überblick. Nachteile: Mehrarbeit mit steigender Belastung, Überforderung.

Die meisten Punkte gehen nicht durch fehlendes Wissen verloren, sondern durch falsches Vorgehen in der Prüfung. Lesen Sie die **Tipps** in diesem Fachbuch intensiv durch.

Prüfungssimulation 2 (insgesamt 40 Punkte)

5. RSP 8.1.4 (Kap. 1.4) **(10 Punkte)**

a) Zu den *internen Gründen* eines Organisationswandels zählen:

- ineffiziente Aufbauorganisation mit zahlreichen Doppelarbeiten, ungeklärten Zuständigkeiten und geringer Übersichtlichkeit
- ineffiziente Ablauforganisation mit schlechter Prozessabstimmung, unnötigen, teuren und langsamen Prozessen
- zu viele Vertriebskanäle, zu großes, vielfältiges Sortiment
- Mangel an Fachkräften

b) Im Rahmen der Organisationsentwicklung bezeichnet eine *Lernende Organisation* eine anpassungsfähige Organisation, die hierfür das Wissen der Organisationsmitglieder nutzt.

c) Zu den *Instrumenten* der Lernenden Organisation zählen:

- Einführung eines Wissensmanagements
- Kommunikation im Unternehmen verbessern
- Mitarbeiter aktiv an der Gestaltung der Abläufe (Prozesse) beteiligen – bspw. durch ein betriebliches Vorschlagswesen
- Beim Mentoring versuchen erfahrene Führungskräfte einer höherer Ebene ihre Erfahrungen an die nachfolgende jüngere Generation weiterzureichen.

B

6. RSP 8.3.1 (Kap. 3.1) **(10 Punkte)**

a) Unter E-Learning versteht man alle Formen des elektronisch unterstützten Lernens. Hierfür werden digitale Medien für Präsentationen und die Verbreitung des Wissens genutzt. Blended Learning steht für eine Kombination aus E-Learning und traditionellem Präsenzunterricht. Damit kann für gewöhnlich der Stundenumfang der Präsenzunterrichtsphasen enorm gesenkt werden.

b) Zu den *Vorteilen* des E-Learnings zählen: (1) Es kann unabhängig von Raum und Zeit gelernt werden. (2) Die Lerninhalte können unbegrenzt wiederholt und vertieft werden (im Gegensatz zu einem Präsenzunterricht). (3) Jeder kann sein individuelles Lerntempo einhalten. *Nachteile*: (1) Es erfordert eine größere Eigendisziplin selbständig bspw. zuhause zu lernen. (2) Das Arbeiten an Bildschirmen ermüdet schnell. (3) Der Lernende bedarf eines guten Zeitmanagements.

c) Autorentools ermöglichen die Erstellung von digitalen Lerninhalten. Auch ohne Programmierkenntnisse können Autoren Wort, Bild, Video und Audiotracks zu Lernmedien kombinieren. Somit können sich Fachautoren ganz auf ihre jeweilige Fachkompetenz konzentrieren.

7. RSP 8.2.1.6 (Kap. 2.1.6) **(12 Punkte)**

a) Ziel des *Datenschutzes* ist, die sensiblen Daten des Unternehmens sowie die persönlichen Daten der Mitarbeiter, Kunden etc. vor unberechtigtem Zugriff zu schützen. Der einzelne Mensch kann über die Preisgabe seiner persönlichen Daten weitgehend selbst bestimmen (informationelle Selbstbestimmung). Hierfür sind insbesondere Schutzmaßnahmen im Bereich der EDV und der Organisation zu ergreifen. Das Ziel der *Datensicherheit* ist hingegen die Daten vor Datenverlust, -fälschung oder -zerstörung durch geeignete Sicherungsmaßnahmen zu bewahren.

b) Maßnahmen des Datenschutzes: (1) korrekter Umgang mit personenbezogenen Daten, (2) insbesondere Berücksichtigung der neuen DS-VGO (Datenschutz-Grundverordnung), die seit dem 25. Mai. 2018 gilt und (3) Wahrung von Datengeheimnissen. Zu den Maßnahmen der Datensicherheit zählen: (1) organisatorische Datensicherungsmaßnahmen: regelmäßige Datensicherung durch Backup der Daten, Sicherungsredundanzen, regelmäßige Zwang der Änderung von Passwörtern. (2) technische Datensicherungsmaßnahmen: Sicherung in Zweitanlagen, regelmäßige Wartung der EDV-Anlagen, Einsatz von Clouds. (3) softwaremäßige Datensicherungsmaßnahmen: Zugriffsschutz durch geeignete, erforderliche Passwörter.

Zeitplanung für die Prüfungsvorbereitung

Viele bereiten sich auf die Prüfung blockweise vor – für jedes Fach bspw. 2 Wochen. **Alternativ** könnten Sie Ihren 5 Prüfungsfächern im HSQ-Teil möglichst frühzeitig jeweils einen festen Wochentag zuweisen. Dann können Sie bspw. immer nur am Donnerstag »**Wissens- und Transfermanagement**« lernen. Die nächste Möglichkeit ist erst wieder in der Folgewoche – und wahrscheinlich sind es gar nicht mehr so unendlich viele Wochen. Folglich sollte das Lernen an diesem Donnerstag NICHT ausfallen.

B

8. RSP 8.3.4 (Kap. 3.4) **(8 Punkte)**

a) Ein *Qualitätsmanagementsystem* steht für alle organisatorischen Maßnahmen, die zur Verbesserung der Qualität der Prozesse, der Leistungen/der Produkte dient. Ziele sind u. a. die Steigerung der Kundenzufriedenheit und der Wettbewerbsfähigkeit. Zu den Bereichen des Qualitätsmanagements zählen:

- Qualitätsplanung
- Qualitätssteuerung
- Qualitätssicherung
- Kontinuierlicher Verbesserungsprozess (KVP)

Umweltmanagementsysteme beziehen sich auf alle umweltbezogenen Aktivitäten des Unternehmens. Hier steht das Ziel der Nachhaltigkeit des unternehmerischen Handelns im Vordergrund. Nachhaltig ist ein Verhalten dann, wenn es die Ressourcen nur insoweit nutzt, als hiervon zukünftige Generationen nicht negativ beeinträchtigt werden. Zu den Bereichen zählen bspw.:

- Energieeinsparung, Rohstoffverbrauch reduzieren
- Verpackungen/Wasser aufbereiten
- Emissionen reduzieren.

b) Möglichkeiten der *Prozessoptimierung* könnten bspw. sein:

- Qualitätsprüfung in der Fertigung und Senkung der Kosten durch reduzierten Ausschuss
- Prozessabläufe durch geeignete Planung (bspw. Netzplantechnik) optimieren.
- Projekte dokumentieren, damit zukünftige Fehler nicht wiederholt werden.
- Wissensmanagementsystem einführen, damit das Wissen des Unternehmens genutzt werden kann.

Anhang C: Tipps zur Prüfung

Was sollte ich in der Prüfung beachten?

- Suchen Sie vor der Prüfung einen ruhigen Platz im Vorraum und versuchen Sie **innere Ruhe** zu finden. Lassen Sie sich nicht von den unruhigen Zeitgenossen nerven, die vor der Prüfung alle stressen.
- Gehen Sie **entspannt** und ruhig an den Ihnen zugewiesenen Platz.
- Zunächst sollten Sie die **gesamte Prüfung durchblättern**. Es kommt immer wieder vor, dass Prüflinge einzelne Aufgaben auf der letzten Seite nicht lösen, da sie diese übersehen haben – kein Scherz!
- Lösen Sie die Aufgaben eine nach der anderen. Die **Reihenfolge** hierfür ist jedoch egal.
- Alle Aufgaben sollten in den Lösungsblättern **zusammenhängend** gelöst werden.
- Sollten Sie nach der Bearbeitung weiterer Aufgaben noch etwas in eine zuvor gelöste Aufgabe einfügen wollen und es fehlt der nötige Platz, können Sie das natürlich weiter hinten einfügen. **Wichtig:** Sie müssen aber unbedingt in der vorderen Lösung einen Verweis auf die weitere Lösung mit deren Seitenzahl einfügen. Der Korrektor ist eher wohlwollend gestimmt. Sie sollten ihn aber nicht unnötig verärgern.
- Es sollte eigentlich klar sein, dass Sie sich keinen Gefallen tun, wenn Sie dem Korrektor die Arbeit durch **unlesbare oder schlecht strukturierte Lösungen** erschweren.
- Verwenden Sie für jede neue Aufgabe jeweils eine neue Seite.
- Sie müssen die Aufgabennummern auf das jeweilige Blatt schreiben.
- Für gewöhnlich besteht eine Prüfungsaufgabe aus **Teilaufgaben** (a, b, ...). Sie müssen Ihre Lösungen genau diesen Teilaufgaben zuordnen und nicht einfach Aufgabe 3 hinschreiben und alle Teillösungen ohne Teilnummerierung aneinanderreihen. Das wird leider zu häufig gemacht und kann zu Punktabzug führen.

C

10 Tipps zur Fehlervermeidung in Prüfungen

1. **Gehen Sie nur auf den gestellten Arbeitsauftrag ein.**

   Zusätzliches Wissen, das nicht zur Frage passt, interessiert nicht.

2. **Achten Sie auf die Signalworte des Arbeitsauftrags.**

   Die Fragestellung beinhaltet neben sachlichen Informationen auch Signalworte zur Bearbeitung:

   a) »*Nennen Sie ...*«, »*Zählen Sie folgende ... auf ...*« usw.: Sie müssen die Begriffe nur auflisten, ohne diese zu erläutern/beschreiben.

   b) »*Erläutern Sie ...*«, »*Beschreiben Sie ...*«, »*Erörtern Sie ...*« usw.: Hier müssen Sie eben in ganzen Sätzen erläutern, beschreiben usw.

   c) »*Ermitteln Sie ...*«, »*Berechnen Sie ...*« usw.: In diesen Fällen müssen Sie Ihr Wissen anwenden.

3. **Beispiele sind keine Erläuterung.**

4. **Vergessen Sie den zweiten Arbeitsauftrag nicht.**

   Es kommt vor, dass in Aufgaben mehrere Teilaufgaben innerhalb eines Aufgabenteils zu lösen sind. Es erstaunt immer wieder, wie viele Prüfungsteilnehmer den zweiten Teil vergessen.

5. **Achten Sie bei Fragen nach Vor- und Nachteilen darauf, auf wen sich diese beziehen sollen.**

6. **Sie müssen korrekte Begriffe verwenden.**

   Häufig werden ähnlich klingende, aber falsche Begriffe verwendet.

7. **Geben Sie allgemein verständliche Lösungen.**

   Sie dürfen nicht davon ausgehen, dass der Korrektor ohnehin weiß, was gemeint ist, wenn Sie irgendwelche Stichworte geben.

8. **Nutzen Sie bekannte Darstellungsformen** (bspw. bei der Netzplantechnik oder den verschiedenen Organigrammen).

9. **Nutzen Sie Ihren gesunden Menschenverstand.**

   Sofern Sie die grundlegenden Begriffe und Modelle gelernt haben, müssen Sie diese in der Prüfung häufig anwenden. Dabei lassen sich viele Aufgaben mit gesundem Menschenverstand lösen.

Stichwortverzeichnis

G

H

I

J

K

L

M

R

S

T

U

V

W

Z

Zu den Fachbüchern des FHS-Verlags

Das Verlagsprogramm beinhaltet u. a. folgende Fachbücher:
(Autor ist jeweils Dr. Holger Stöhr)

I. Fachbücher zur Prüfungsvorbereitung: WQ-Teil

II. Fachbücher zur Prüfungsvorbereitung: HSQ-Teil speziell für Wirtschaftsfachwirte

III. Fachbücher zur Prüfungsvorbereitung: HSQ-Teil speziell für Industriefachwirte

1. **F.I.T. zur IHK-Prüfung in Finanzwirtschaft im Industrieunternehmen:** Handlungsspezifische Qualifikationen für Industriefachwirte, Oberstdorf 2018, **ISBN 978-3-943743-24-1**

2. **F.I.T. zur IHK-Prüfung in Produktionsprozesse:** Handlungsspezifische Qualifikationen für Industriefachwirte, Oberstdorf 2018, **ISBN 978-3-943743-25-8**

3. **F.I.T. zur IHK-Prüfung in Marketing & Vertrieb**: Handlungsspezifische Qualifikationen für Industriefachwirte, Oberstdorf 2018 **ISBN 978-3-943743-26-5**

4. **F.I.T. zur IHK-Prüfung in Wissens- & Transfermanagement im Industrieunternehmen:** Handlungsspezifische Qualifikationen für Industriefachwirte, Oberstdorf 2018, **ISBN 978-3-943743-27-2**

5. **F.I.T. zur IHK-Prüfung in Führung & Zusammenarbeit:** Handlungsspezifische Qualifikationen für Industriefachwirte, Oberstdorf 2018 **ISBN 978-3-943743-28-9**

Weitere Fachbücher sind in Vorbereitung!

Nähere Informationen erhalten Sie unter:

www.fhs-verlag.de